Hamid Khoshdast
Vahideh Shojaei

Aplicações dos gráficos de controlo nas indústrias de processamento de minerais

Hamid Khoshdast
Vahideh Shojaei

Aplicações dos gráficos de controlo nas indústrias de processamento de minerais

Um guia prático

ScienciaScripts

Imprint

Cover image: www.ingimage.com

This book is a translation from the original published under ISBN 978-620-2-05627-4.

Publisher:
Sciencia Scripts
is a trademark of
Dodo Books Indian Ocean Ltd. and OmniScriptum S.R.L publishing group

120 High Road, East Finchley, London, N2 9ED, United Kingdom
Str. Armeneasca 28/1, office 1, Chisinau MD-2012, Republic of Moldova, Europe
Printed at: see last page
ISBN: 978-620-7-94341-8

Índice:

Aplicações de

Gráficos de Controlo

nas indústrias de processamento de minerais

Um guia prático

Hamid Khoshdast - Vahideh Shojaei
Departamento de Engenharia de Minas, Complexo de Ensino Superior de Zarand, Irão

**Nunca se esqueçam,
Deus está sempre a acompanhar-nos,
por isso, controlem os vossos pensamentos.**

Prefácio

Sem dúvida, nenhum processo industrial pode ser encontrado que siga consistentemente as condições ideais durante o seu tempo de vida. Na indústria de transformação de minerais, tal como noutras indústrias, numerosos factores, tais como alterações na qualidade e nas características da alimentação de entrada, alterações na estratégia de produção, desgaste do equipamento, alterações nos gostos do mercado e nos requisitos dos clientes para as aquisições, alterações sociopolíticas, promoção de medidas ambientais a tomar e a não tomar e muitos outros parâmetros variam sempre o processo de produção e deslocam-se para a instabilidade do caso ideal. Por conseguinte, a monitorização contínua, precisa e científica de vários aspectos do processo é o primeiro e mais básico passo para tomar decisões correctas e adequadas para o controlo do processo e a manutenção da qualidade dos produtos ou dos produtos finais.

Entre os vários métodos científicos para a monitorização de processos industriais, as abordagens estatísticas para facilitar a perceção, bem como a aplicação, análise e interpretação são particularmente importantes. Estas abordagens consideram diferentes métodos para os engenheiros em termos de monitorização e controlo de processos; no entanto, o método adequado deve basear-se no processo. Entre os vários métodos de controlo estatístico de processos, os métodos de cartas de controlo têm sido altamente aceites pela indústria. Ao ajustar os resultados da monitorização visual, estes métodos permitem detetar facilmente as condições que estão fora do controlo do processo ou que estão a ser controladas e, consequentemente, permitem que o engenheiro de processos adopte e aplique as melhores decisões de controlo, determinando e distinguindo as causas especiais e comuns.

No presente livro, tentou-se explicar os métodos de cartas de controlo através de exemplos práticos e operacionais, para que os engenheiros de processo e de processamento possam selecionar e aplicar o método adequado com base no seu próprio processo. Os dados utilizados nos exemplos apresentados neste livro prático foram recolhidos em várias fábricas de processamento de minerais no Irão; para além da análise manual utilizando o Microsoft Excel®, foram também analisados utilizando o Minitab v.16. Todos os exemplos foram resolvidos visualmente e passo a passo, embora com uma abordagem repetitiva, para que os estudantes e engenheiros possam resolver facilmente os exemplos semelhantes.

Os dados utilizados neste estudo foram seleccionados a partir de dezenas de dados recolhidos ao longo de 15 anos de envolvimento dos autores com as indústrias do ferro, cobre, chumbo e zinco, carvão e outros minerais; assim, é essencial agradecer a cooperação de todos os estudantes, colegas universitários, gestores e pessoal destas indústrias. Cada experiência pode estar associada a erros ou lacunas; por isso, convidamos todos os leitores deste livro a ajudarem os autores a promover os níveis científico e prático desta obra.

O estudo é acompanhado dos seus comentários através dos seguintes meios de comunicação. Esperamos que este livro possa ser útil para melhorar a tomada de decisões e o desenvolvimento profissional de estudantes e industriais.

Hamid Khoshdast, Ph.D.
Vahideh Shojaei, doutorado.
Divisão de Processamento Mineral | Departamento de Engenharia de Minas | Complexo de Ensino Superior de Zarand
verão de 2017
Tel. do escritório: (+98) 34 3142 2030; Fax: (+98) 34 3142 2040
Sítios Web: khoshdast.zarand.ac.ir e Shojaei.zarand.ac.ir
Correio eletrónico: khoshdast_hamid@yahoo.com e Vahideh.shojaei@yahoo.com
Canal Telegrama: @DrKhoshdast e @DrVahidehShojaei
Telegrama P.V: @HamidKhoshdast e @VahidehShojaei

Capítulo 1
Monitorização e controlo de processos

1.1. Introdução

Um processo é simplesmente uma série de acções ou operações que conduzem a um determinado resultado. Numa perspetiva avançada, um processo é definido como uma sequência de procedimentos interdependentes e interligados que, em cada fase, consomem um ou mais recursos (tempo dos empregados, energia, máquinas, dinheiro) para converter entradas (dados, material, peças, etc.) em saídas. Estas saídas servem depois como entradas para a fase seguinte até se atingir um objetivo ou resultado final conhecido. Pode ser o preenchimento de uma lista de verificação do crescimento de um bebé, a preparação de um currículo educativo, a construção de uma fábrica de processamento de minerais, etc. Todos estes processos seguem um objetivo predefinido e geram um resultado.

Preliminarmente, o principal objetivo de todos os proprietários de processos é apresentar um resultado com a qualidade definida pelos clientes ou em normas. A qualidade é definida simplesmente como o cumprimento dos requisitos ditados pelos clientes. Profissionalmente, a qualidade é definida como uma medida de excelência ou um estado de ausência de defeitos, deficiências e variações significativas. A qualidade é obtida através de um compromisso rigoroso e consistente com determinadas normas que permitem obter a uniformidade de um produto, a fim de satisfazer as necessidades específicas do cliente ou do utilizador. A norma ISO 8402-1986 define a qualidade como "a totalidade das características de um produto ou serviço que suporta a sua capacidade de satisfazer necessidades declaradas ou implícitas".

Atualmente, quase todos os sectores descobriram que a qualidade dos produtos não é uma opção. De facto, a qualidade de um produto não é um compromisso de custo-benefício, mas é sempre benéfico para os proprietários de capital a longo prazo melhorar a qualidade dos seus produtos e também para os seus clientes. Na prática, um produto de boa qualidade é aquele que apresenta uma baixa variabilidade, o que aumenta os lucros através da redução dos custos. Isto significa que os proprietários terão custos mais baixos se não tiverem de eliminar produtos fora de especificação ou de refazer produtos defeituosos. Assim, aumentam as vendas a longo prazo com clientes mais fiéis e melhoram a reputação da marca como fornecedor fiável e consistente. Se uma empresa automóvel, por exemplo, encontrar um defeito num dos seus automóveis e proceder a uma recolha de produto, a fiabilidade dos clientes e, por conseguinte, a produção diminuirá porque se perderá a confiança na qualidade do automóvel.

Existem diferentes parâmetros que afectam a qualidade dos resultados de um processo, que podem ser classificados como

Especificação do processo, como materiais, método ou procedimento, esquema ou fluxograma do processo e a complexidade do processo;

Elementos de gestão, tais como controlos, gestão de funções, processos definidos e bem geridos, critérios de desempenho e integridade e identificação de registos;

Competências, tais como conhecimentos, aptidões, experiência e qualificações;
Elementos transversais, como o pessoal, a integridade, a confiança, a cultura organizacional, a motivação, o espírito de equipa e a qualidade das relações.

Estes dados revelam claramente que qualquer alteração num parâmetro pode causar alguma flutuação ou variabilidade na tendência do processo, ou não!

Assim, para atingir um elevado nível de qualidade do produto final, os subprocessos devem produzir uma baixa variabilidade em cada etapa do processo de fabrico. Em termos económicos, o processo deve ser monitorizado, em tempo real, os parâmetros de entrada e as etapas intermédias durante o tempo de vida do processo antes de se descobrir um produto de má qualidade no final do processo. Quando uma variabilidade invulgar é observada, o objetivo deve ser fazer ajustes (permanentes) ao processo para evitar que essa variabilidade volte a ocorrer.

1.2. Monitorização de processos ou controlo de processos

A variação existe em todos os processos. A variação na qualidade de uma etapa do processo para outra deve-se normalmente a uma multiplicidade de causas. As causas que podem ser identificadas são designadas por causas especiais ou causas atribuíveis. A falta de controlo do processo indica que uma ou mais causas especiais estão em vigor. As causas especiais podem ser prejudiciais ou benéficas para um processo. Muitas das variações são causadas de forma inconsequente e não podem ser identificadas. Estas causas são designadas por causas fortuitas ou causas comuns que são naturalmente inerentes a um processo e estão sempre presentes. No entanto, as causas de grandes variações na qualidade admitem normalmente uma identificação imediata.

O primeiro passo para controlar um processo consiste em avaliar o estado atual do processo, bem como em preparar um historial das variações do processo durante um período específico, utilizando um programa de monitorização, registando e documentando os dados recolhidos. Por conseguinte, existe uma grande diferença entre o controlo do processo e a monitorização do processo. A monitorização do processo pode ser definida como a documentação contínua e sistemática dos parâmetros-chave, quer sejam entradas ou saídas de cada processo, a fim de avaliar o desempenho do processo e determinar a distância entre a qualidade da saída, as especificações normalizadas e os requisitos do cliente. Assim, o objetivo da monitorização do processo é analisar e examinar as entradas e saídas de um processo para determinar a ação necessária para melhorar a qualidade. Por outras palavras, a monitorização do processo é uma introdução ao controlo do processo. Ao utilizar a monitorização do processo, os engenheiros de processos podem compreender os problemas e os pontos fracos do atual sistema de processos e identificar os passos desnecessários ou a duplicação de esforços, podendo depois definir o objetivo dos esforços de melhoria.

Depois de as ferramentas e os procedimentos de monitorização indicarem as condições em que o processo apresenta algumas irregularidades ou as chamadas condições fora de controlo, o engenheiro de processos deve realizar as acções necessárias para melhorar o processo para a chamada situação de controlo. Por conseguinte, o controlo do processo inclui a realização de uma série de alterações activas ao processo com base nos resultados obtidos na fase de monitorização do processo.

Um processo estável e sob controlo apresenta variações de causa comum que são inerentes ao processo. Ou seja, a resposta de um processo sob controlo a variações (dentro de limites) pode ser prevista no futuro. Se o processo for instável e estiver fora de controlo, apresenta variações especiais de causas não aleatórias provenientes de factores externos. Assim, para começar a monitorizar e analisar qualquer processo, é necessário, antes de mais, reconhecer a natureza do processo e as caracterizações das suas entradas e saídas.

O papel fundamental do controlo de processos consiste em manter a qualidade do processo e aumentar o valor acrescentado do processo. De um modo geral, o valor acrescentado pode ser aumentado através das seguintes abordagens:

Aumentar o volume de saída

Melhorar o preço da produção através do aumento da qualidade

Controlo de custos para reduzir os custos do processo

Aumentar a produtividade do processo através da melhoria do ambiente de trabalho A Figura 1.1 mostra o papel do controlo do processo para aumentar o benefício do processo nas indústrias minerais.

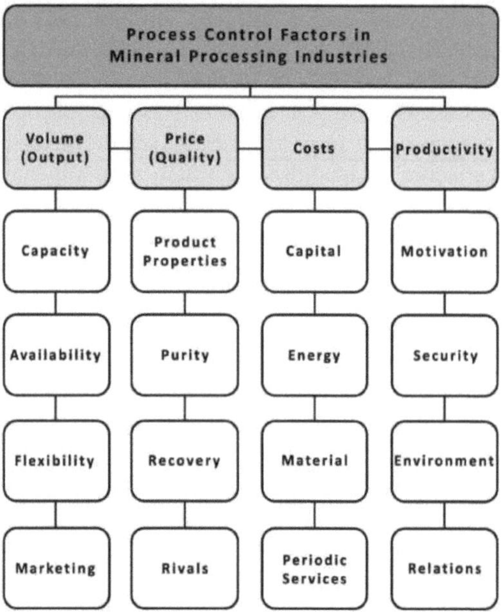

Fig. 1.1. Factores envolvidos no controlo de processos para aumentar o valor acrescentado das indústrias minerais

1.3. Processo Direção de Vida

Independentemente do tipo de saída de um processo, seja como produto ou serviço, todos os processos se enquadram num dos seguintes estados, como mostra a Figura 1.2:

O estado ideal: Os processos no estado ideal são estatisticamente controláveis e produzem 100 por cento de conformidade. Este processo é completamente estável e o desempenho pretendido pode ser alcançado ao longo do tempo. A resposta do processo a qualquer variação operacional é previsível e o resultado corresponde aos requisitos do cliente.

O estado limite: Quando o processo atinge o estado limite, pode ser estatisticamente controlável, mas pode ser observada alguma não conformidade ocasional. Estes processos representam um nível constante de não-conformidade com baixa capacidade. A resposta do processo às variações de funcionamento é previsível, mas as expectativas do cliente não são essencialmente satisfeitas.

O estado à beira do caos: O processo nestas condições não pode ser controlado estatisticamente, mas também não está a causar defeitos. Embora a resposta do processo não possa ser prevista, os requisitos do cliente são satisfeitos. A ausência de defeitos aumenta a incerteza do processo porque pode produzir não-conformidades imprevisíveis a qualquer momento.

O estado de caos: Neste estado, o processo é completamente incontrolável e imprevisível; por conseguinte, as expectativas do cliente nunca são satisfeitas.

Na prática, cada processo tende a afastar-se das condições definidas no programa de desenvolvimento inicial e cai num destes estados em qualquer altura, devido às seguintes razões

Variações dos factores de produção, como a qualidade da alimentação, a tonelagem e a fonte de abastecimento Normalização do processo com base em novos requisitos nacionais ou internacionais

Depreciação e ineficiência do equipamento existente

Conceção de uma nova linha de processo ou modificação de uma linha existente

A alteração das configurações dos processos a montante

E, finalmente, o processo migrará para o estado de caos. Aqui está o papel da monitorização do processo para detetar esta degradação natural do processo e ajudar o controlo do processo a aplicar a melhor estratégia de melhoria ao processo.

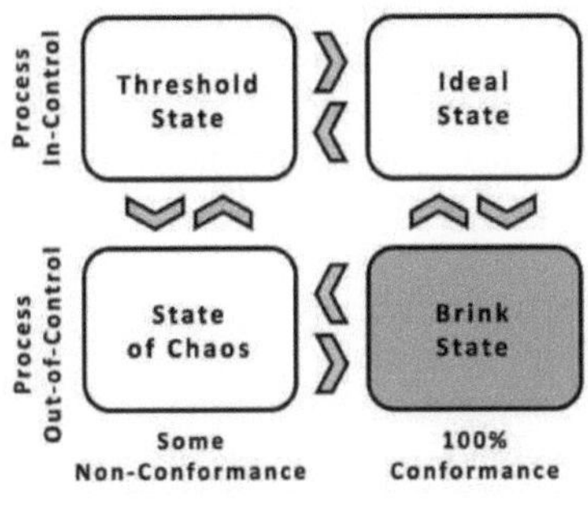

Fig. 1.2. Processo natural de degradação de um estado estável para um estado instável

1.4. Fases do controlo de processos

Em geral, um controlo sistemático e científico do processo inclui as seguintes etapas:

Monitorização do processo

Ação ativa (no entanto, pode não ser necessária qualquer ação)

A primeira etapa da monitorização do processo é composta por três subetapas, respetivamente:

Recolha de dados
Análise de dados
Tomada de decisões

A recolha de dados é uma etapa fundamental na monitorização do processo, uma vez que a decisão final de selecionar a estratégia de controlo do processo e de realizar a ação de controlo adequada é tomada com base na análise dos dados recolhidos.

Assim, na recolha de dados, há que ter em conta dois aspectos fundamentais: em primeiro lugar, os dados devem ser registados de forma cuidadosa e sistemática, de modo a permitir, após análise, identificar a magnitude das variações e as tendências. A informação nesta fase pode ser medida diretamente a partir de instrumentos de medição, como uma balança, um velocímetro, um contador digital, etc., ou indiretamente, através da análise física e/ou química de amostras retiradas de um fluxo de polpa ou de um tapete rolante, ou de cálculos efectuados a partir das medições em linha. Quer se aplique o método direto ou indireto, o método deve seguir um procedimento normalizado ou utilizar um aparelho calibrado. Em segundo lugar, uma vez que o principal objetivo da monitorização do processo é a implementação de uma estratégia ativa para uma situação negativa ou uma operação invulgar, os dados devem ser recolhidos logo que estejam disponíveis, de preferência em tempo real. Os dados recentes obtidos a partir do processo são mais precisos e normalmente mais significativos para os engenheiros operacionais e ajudam-nos a identificar falhas e a ajustar o processo.

A tomada de decisões depende dos resultados observados nos outputs da análise de dados. São desenvolvidos vários métodos para a análise dos dados recolhidos num processo. Assim, existem muitas formas de implementar o controlo de processos. Entre os métodos disponíveis, o controlo estatístico do processo (SPC), ou controlo estatístico da qualidade (SQC), tem recebido mais atenção por parte dos engenheiros. O objetivo do controlo estatístico do processo é assegurar, de forma economicamente eficiente, que o produto ou serviço apresentado aos clientes satisfaz as suas expectativas e requisitos. Por outras palavras, o objetivo do controlo estatístico do processo é verificar um número suficiente de produtos de determinadas fontes para garantir, de forma probabilística, um nível de qualidade especificado. Os métodos mais comuns de controlo estatístico do processo utilizados na monitorização do processo e na análise de dados são

Histogramas sob a forma de gráficos de barras
Folhas de controlo como mapas de registo
Gráficos de Pareto
Diagramas de causa e efeito
Diagramas de concentração de defeitos
Diagramas de dispersão
Gráficos de controlo

Entre os diferentes métodos acima referidos, os gráficos de controlo têm algumas vantagens sobre os outros métodos CPE.

As cartas de controlo, ou cartas de comportamento do processo, são ferramentas valiosas para monitorizar o desempenho do processo. A carta de controlo é um gráfico em que os dados são representados por ordem temporal ou de grandeza, utilizado para avaliar a forma como um processo varia ao longo do tempo. A estrutura geral das cartas de controlo consiste numa linha central para a média dos dados recolhidos, rodeada por duas linhas superior e inferior, designadas por limite superior de controlo e limite inferior de controlo, respetivamente. Estas linhas são determinadas a partir de dados históricos. O conceito subjacente aos gráficos de controlo baseia-se na comparação do que está a acontecer hoje com o que aconteceu anteriormente. Por conseguinte, ao comparar os dados actuais com as linhas de limite de controlo, o engenheiro pode concluir se a variação do processo é estável e está sob controlo ou se está fora de controlo e é imprevisível.

1.5. Revisão das cartas de controlo

As cartas de controlo são os métodos mais eficazes para distinguir as causas comuns das causas especiais de variações. Podem ser utilizados na melhoria contínua dos processos através de duas abordagens. Em primeiro lugar, os gráficos de controlo podem monitorizar a estabilidade do processo e o estado do controlo ao longo do tempo, por exemplo, o tempo para chegar ao trabalho. A este respeito, as cartas de controlo são normalmente utilizadas em pares. Um gráfico monitoriza a média, ou o centro da distribuição dos dados do processo. Outro indica o intervalo, ou a largura da distribuição dos dados. Se os dados estiverem próximos do objetivo do processo, a média é o local onde os dados se agrupam e a amplitude é o grau de agrupamento. Os gráficos de controlo também podem ser aplicados como uma ferramenta de análise. Neste caso, os dados são organizados como diferentes subgrupos de dados com maior semelhança. Assim, as causas comuns de variação são incluídas nos subgrupos, enquanto as causas especiais ocorrem entre eles. Esta estratégia amplia cada vez mais os esforços de melhoria.

As cartas de controlo são métodos muito úteis para muitos tipos de processos, mas não para todos os processos! Ao monitorizar um processo contínuo, a elaboração de cartas de controlo pode ser útil para as seguintes aplicações

Determinar se um processo é estável e consistente (em controlo estatístico) ao longo do tempo,

Identificar a posição e o tipo de problema (causa comum ou causa especial),

Avaliar a eficácia das alterações operacionais a um processo para comparar o desempenho do processo antes e depois da implementação dessas alterações durante um período de tempo específico,

Verificar se o processo é estável antes de efetuar qualquer análise de capacidade,

Prever a gama de resultados esperados de um processo.

A figura 1.3 mostra uma carta de controlo típica. De um modo geral, cada carta de controlo é composta por três elementos principais

Uma tendência contínua de dados ordenados por tempo ou ordem de grandeza,

Uma linha central (CL) que é normalmente a média dos dados históricos e é utilizada como uma linha de referência visual para mostrar as deslocações e a distribuição dos dados recolhidos do processo,

Dois limites de controlo, um limite superior de controlo (UCL) e um limite inferior de controlo (LCL), por vezes designados por "limites naturais do processo", que são os valores mais altos e mais baixos esperados de um processo em que apenas estão presentes causas comuns de variação, respetivamente. Estes limites de controlo são calculados a partir dos dados do processo e não dependem das expectativas do cliente ou de quaisquer outros requisitos de limitação especificados.

Podem existir outras características opcionais, incluindo:

Limites de aviso superior e inferior que são desenhados como linhas separadas, normalmente dois desvios-padrão acima e abaixo da linha central,

Zonar o gráfico de tendência dos dados, com a adição de regras que regem as frequências das observações em cada zona; tais eventos frequentes podem indicar causas comuns.

Anotação de eventos considerados como causas especiais em pontos ou tendências invulgares,

Acções de controlo recomendadas pelos engenheiros de processo em relação a pontos ou tendências destacados por causas especiais.

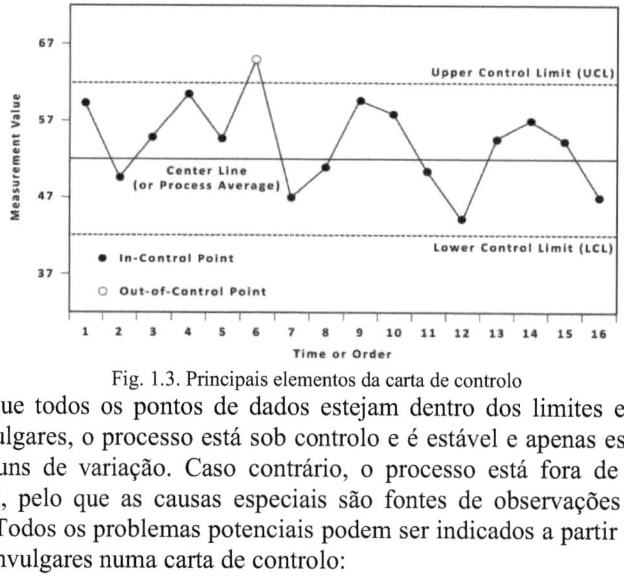

Fig. 1.3. Principais elementos da carta de controlo

Desde que todos os pontos de dados estejam dentro dos limites e não existam padrões invulgares, o processo está sob controlo e é estável e apenas estão presentes causas comuns de variação. Caso contrário, o processo está fora de controlo e é imprevisível, pelo que as causas especiais são fontes de observações e problemas invulgares. Todos os problemas potenciais podem ser indicados a partir das seguintes tendências invulgares numa carta de controlo:

Grandes ou pequenos desvios da linha central: A linha central é, na verdade, a média dos dados e, se o processo estiver em estado de controlo, a maioria dos pontos de dados está perto da linha central. Os limites de controlo são geralmente considerados como três vezes o desvio padrão (6) dos dados. Outros limites de controlo relativos podem ser definidos como ±6 e ±26. Quando os pontos de dados estão para além dos limites de controlo ±36 e/ou 2 em 3 pontos consecutivos para além dos limites de controlo ±6, pode estar a ocorrer um grande desvio por uma causa especial fugaz (Figura 1.4). Por outro lado, se mais de 4 pontos de dados consecutivos se situarem entre a média e ±26, existe uma pequena deslocação possivelmente causada por uma alteração na matéria-prima (Figura 1.5). Os pequenos desvios demoram mais tempo (mais pontos de dados para além dos limites) do que os grandes desvios. As possíveis causas que resultam num padrão de turnos grandes podem ser a aplicação de um novo operador, uma configuração deficiente ou incorrecta, erros de medição ou de análise, uma etapa do processo incompleta ou ignorada e uma falha de energia ou de equipamento. O padrão de turnos pequenos pode indicar as causas especiais da alteração da qualidade ou da origem da matéria-prima, da aplicação de um instrumento de medição ou análise diferente, de turnos diferentes, da utilização de um operador mais qualificado do que o anterior e de uma eventual alteração da estratégia de trabalho e manutenção.

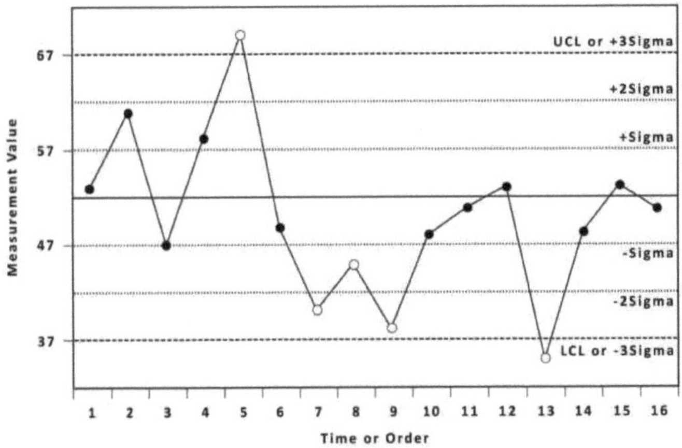

Fig. 1.4. Grandes desvios da linha central como indicadores de causas especiais

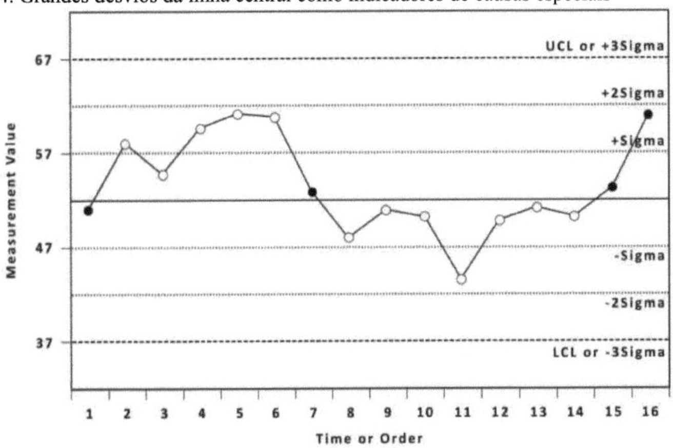

Fig. 1.5. Pequenos desvios da linha central como indicadores de causas especiais

Tendências ascendentes ou descendentes: Quando o gráfico de dados se inclina ou diminui numa direção, pode ser detectada uma causa especial (Figura 1.6). Por exemplo, o desgaste de ferramentas ou a mudança súbita da mineralogia do material podem causar essa tendência. Geralmente, pelo menos 7 ou 8 pontos de dados devem apresentar uma tendência deslocada para serem indicados como tendência ascendente ou descendente.

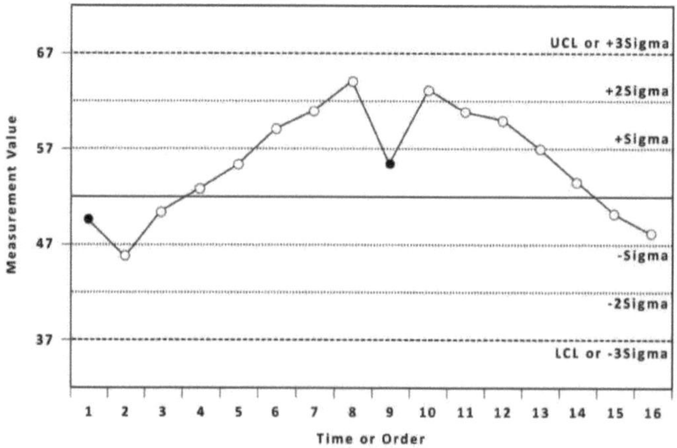

Fig. 1.6. Tendências ascendentes ou descendentes como indicadores de causas especiais

Efeitos de mistura: Quando são recolhidos pontos de dados de mais do que um processo, uma mistura de diferentes causas especiais afecta o estado do controlo do processo (Figura 1.7). Por exemplo, a amostragem de dois turnos operacionais diferentes numa instalação de lavagem de carvão pode apresentar duas médias de dados diferentes; assim, os pontos recolhidos no turno 1 podem aproximar-se das zonas acima da linha central e os pontos recolhidos no turno 2 das zonas abaixo da linha central. Note-se que, quando ocorre o efeito de mistura, não há pontos de dados na zona entre a linha central e o limite de controlo relativo de ±6.

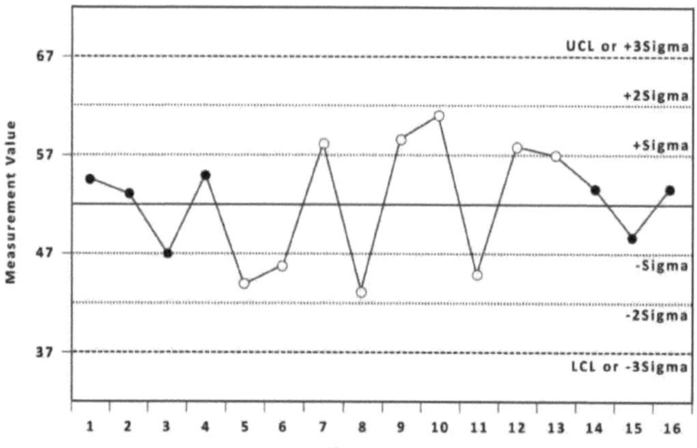

Fig. 1.7. Efeito de mistura como indicador de causa especial em gráficos de controlo

Efeito de estratificação: Quando 15 ou mais pontos consecutivos obtêm valores que se situam na zona entre a média e os limites de controlo ±6, ocorre estratificação. Isto é comum quando mais do que um processo está envolvido no programa de amostragem, mas todos os processos estão incluídos num subgrupo. A estratificação dos dados resulta em que os pontos de dados se concentram perto da linha média mas nunca para além das linhas de limite de controlo ±6 (Figura 1.8).

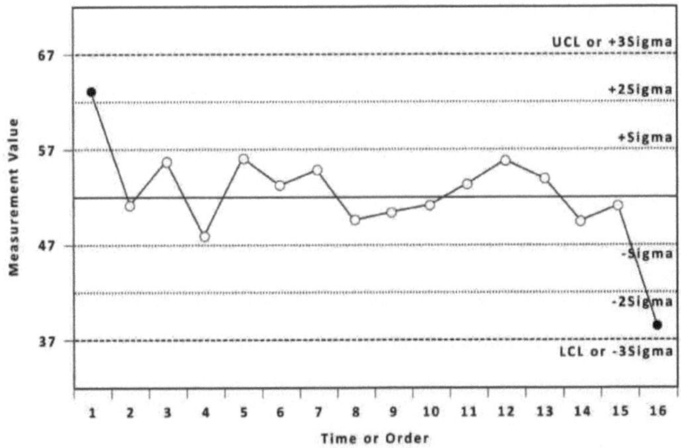

Fig. 1.8. Efeito de estratificação como indicador de causa especial em gráficos de controlo

Estado de sobrecontrolo: Este estado, também designado por padrão dente-de-serra, ocorre frequentemente como resultado do sobreajuste de um processo que está estatisticamente sob controlo (Figura 1.9). Nesta situação, 14 ou mais pontos consecutivos alternam para cima e para baixo, geralmente com pequenas distâncias de flutuação. Por exemplo, quando um engenheiro decide avaliar um novo ponto de corte para um hidrociclone, ele pode diminuir a pressão da polpa; se o ponto de corte medido estava acima do ponto de corte alvo, ele faz um ajuste para diminuir o valor. Caso contrário, se o ponto de corte medido estiver abaixo do valor alvo, o engenheiro faz um ajuste para aumentar esse valor.

É de notar que o tipo de padrão depende fortemente do tipo de processo investigado. Por conseguinte, nem todos os padrões mencionados podem ser aplicados a todos os tipos de cartas de controlo.

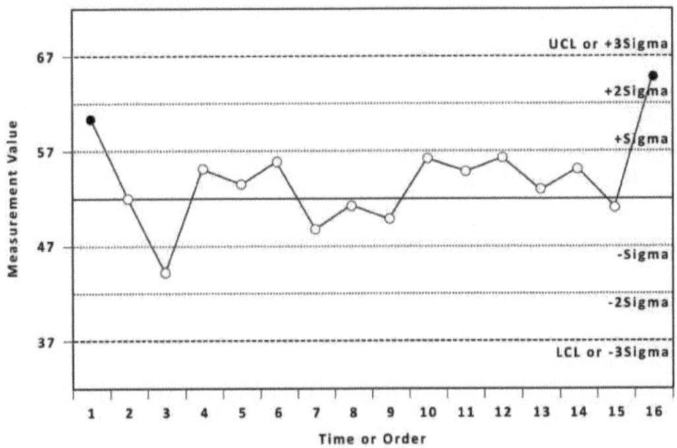

Fig. 1.9. Padrão dente-de-serra como indicador de causa especial em gráficos de controlo

1.6. Tipos de cartas de controlo

Foi proposta uma multiplicidade de métodos para a conceção de cartas de controlo, incluindo Shewhart, critérios estatísticos, critérios económicos ou critérios económicos e estatísticos conjuntos. Cada método tem as suas próprias vantagens e desvantagens, como a complexidade da aplicação, as configurações estatísticas e a relação custo-eficácia. O tipo de gráfico de controlo que um engenheiro utiliza dependerá diretamente do tipo de processo e dos dados recolhidos. Por exemplo, os gráficos de Shewhart são muito bons na deteção de grandes mudanças na média ou variações do processo. Foram desenvolvidos outros tipos de cartas de controlo, como a carta EWMA, a carta CUSUM e a carta de contrastes em tempo real, que detectam variações menores de forma mais eficiente, utilizando informações de observações recolhidas antes do ponto de dados mais recente.

De um modo geral, os gráficos de controlo podem ser classificados de acordo com a informação de base que está a ser analisada, ou seja, dados variáveis e/ou dados de atributos.

Gráficos variáveis: Estas cartas de controlo aplicam intervalos de amostragem variáveis, em que a duração dos intervalos de amostragem varia em função da qualidade do processo. Um intervalo de amostragem longo é considerado quando a qualidade do processo indica uma possível situação de controlo, enquanto que, caso contrário, é considerado um intervalo de amostragem curto. Os gráficos variáveis são utilizados para identificar o nível de controlo de processos contínuos.

Gráficos de atributos: Estes gráficos são construídos com base em dados que podem ser agrupados e contados como presentes ou não. As cartas de atributos são também designadas por cartas de contagem e os dados de atributos são também conhecidos por dados discretos. Estes tipos de cartas de controlo são complicados de interpretar e, por isso, são utilizados para detetar eventuais defeitos em amostras retiradas de um processo e não para identificar a situação de controlo do processo.

O Quadro 1.1 apresenta uma lista dos métodos mais comuns no que respeita à sua capacidade de analisar diferentes tipos de dados. No entanto, independentemente do tipo de cartas de controlo, das suas vantagens e desvantagens, os modelos de conceção de cartas de controlo existentes sofrem de falta de flexibilidade e adaptabilidade na resolução de problemas do mundo real, quando é necessário analisar um grande número de dados. Trata-se de uma abordagem pouco prática e, na maior parte dos casos, irrecuperável, que exige a interpretação de um grande número de cartas de controlo para identificar a situação de controlo de um processo real. Nos últimos anos, foram desenvolvidas muitas novas metodologias de CPE para melhorar os métodos tradicionais de CPE e para lidar com novas aplicações de CPE, que se centram no desenvolvimento da conceção de cartas de controlo eficientes em termos de tempo e de custos. Na conceção eficiente de um gráfico de controlo, são considerados diferentes componentes associados ao processo, e o gráfico de controlo ótimo minimiza o custo médio esperado a longo prazo por unidade de tempo. Recentemente, foram publicadas várias concepções económicas, tendo em conta duas componentes principais, o intervalo de amostragem e o tempo, através da aplicação de métodos matemáticos ou estatísticos.

Quadro 1.1. Tipos comuns de cartas de controlo utilizadas para a análise estatística do estado de controlo dos processos

Tipo de gráfico	Observação do processo	Processo Tipo de observação	Tamanho do desvio a detetar
Gráfico I-MR*	Medição da caraterística de qualidade para uma observação	Variáveis	Grande (> 1,5o)
Gráfico Xbar-R*	Medição das características de qualidade num subgrupo	Variáveis	Grande (> 1,5o)
Gráfico Xbar-s*	Medição das características de qualidade num subgrupo	Variáveis	Grande (> 1,5o)
gráfico p*	Fração não conforme dentro de um subgrupo	Atributos	Grande (> 1,5o)
gráfico np*	Número de não-conformidades num subgrupo	Atributos	Grande (> 1,5o)
c-cartão*	Número de não-conformidades num subgrupo	Atributos	Grande (> 1,5o)
gráfico u*	Não conformidades por unidade dentro de um subgrupo	Atributos	Grande (> 1,5o)
Gráfico EWMA	Média móvel ponderada exponencialmente da medição da caraterística de qualidade num subgrupo	Variáveis ou atributos	Pequeno (< 1,5o)
Gráfico CUSUM	Soma acumulada da medição das características de qualidade num subgrupo	Variáveis ou atributos	Pequeno (< 1,5o)

* Tipos de gráficos de Shewhart

Na prática, são normalmente utilizados dois tipos de cartas de controlo na identificação do estado de controlo dos processos de transformação de minerais: Shewhart e CUSUM. O primeiro passo na escolha de uma carta de controlo adequada consiste em determinar se os dados do processo são contínuos ou por atributos. Como se pode ver no Quadro 1, as cartas CUSUM podem ser aplicadas a ambos os tipos de dados. No entanto, estas cartas de controlo são úteis para detetar grandes alterações na média ou variações do processo. Por exemplo, um engenheiro de processo procura o efeito da alteração da zona de extração na taxa de alimentação do circuito do moinho SAG durante um longo período de tempo da operação de processamento mineral.

Os gráficos de Shewhart são úteis para monitorizar as variações maiores de forma mais eficiente do que os gráficos CUSUM. Estes gráficos são fáceis de compreender e, por conseguinte, são amplamente utilizados em aplicações industriais quando estão envolvidos dados contínuos nas medições, tal como se observa normalmente em aplicações de processamento de minerais. A taxa de alimentação, o caudal de pasta, o grau, o peso, a altura, a largura, o tempo e outras medições semelhantes são dados contínuos. Existem três tipos de gráficos de variáveis, conhecidos como gráficos de indivíduos e gama móvel (I-MR), gráficos de Xbar e gama (Xbar-R) e gráficos de Xbar e desvio padrão (Xbar-s). O gráfico de indivíduos e intervalo móvel (I-MR) é aplicável quando é recolhido um ponto de dados em cada momento. Estes gráficos também podem ser utilizados quando o subgrupo natural ainda não é conhecido.

O gráfico Xbar e intervalo (Xbar-R) é utilizado quando as medições podem ser racionalmente recolhidas em subgrupos de duas a nove observações. Cada subgrupo é uma imagem instantânea do processo num determinado momento. O gráfico de Xbar e desvio-padrão (Xbar-s) é utilizado quando a distribuição da caraterística do processo é estável e o volume de amostragem é elevado, ou seja, a dimensão do subgrupo é superior a 10. Os gráficos de Shewhart para dados de atributos, como o número de itens defeituosos num grupo, não são objeto deste livro, uma vez que tais dados raramente são observados em operações de processamento de minerais.

A Figura 1.10 apresenta aos engenheiros uma orientação gráfica para selecionar a carta de controlo adequada.

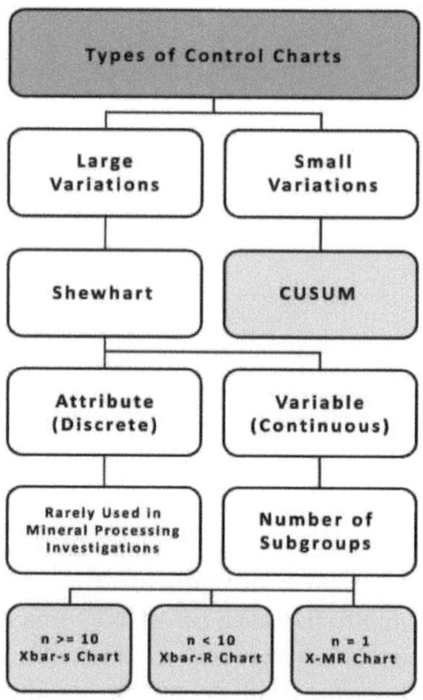

Fig. 1.10. Orientação gráfica para selecionar a carta de controlo adequada para aplicações de processamento de minerais

Capítulo 2
Fundamentos essenciais de estatística

2.1. Introdução

Como resulta da designação controlo estatístico de processos, a construção de cartas de controlo segue as regras estatísticas. Assim, é necessário ter uma visão geral de algumas regras estatísticas essenciais utilizadas no controlo estatístico de processos e na interpretação de cartas de controlo. Muitas destas regras são elementos de distribuição de dados em torno de um valor de referência. Como se verá nas secções seguintes, os gráficos de controlo são geralmente considerados como gráficos de distribuição normal em que os dados estão dispersos perto da linha central para os processos sob controlo e alguns pontos para além dos limites de controlo para os processos fora de controlo. As medidas de normalidade da distribuição dos dados podem ser subgrupadas em dois termos estatísticos principais: exatidão e precisão. A média dos dados, a mediana da distribuição e a moda são medidas de exatidão e a amplitude dos dados e o desvio padrão são medidas de precisão do processo. Este capítulo fará uma breve revisão destes termos. Estão disponíveis mais pormenores em livros profissionais publicados em diferentes domínios da estatística.

2.2. Exatidão vs. Precisão

A exatidão e a precisão são dois factores estatísticos importantes que reflectem a proximidade de uma medição em relação a um valor de referência. Mas deve notar-se que a exatidão é diferente da precisão. Em termos de engenharia, a exatidão refere-se à proximidade das medições em relação ao valor de referência, conhecido ou aceite. A Organização Internacional de Normalização (ISO) define exatidão como uma medição com resultados verdadeiros e consistentes. Isto significa que uma medição exacta não tem erros sistemáticos nem aleatórios. O termo exatidão, quando aplicado a um conjunto de valores de medição, envolve uma combinação de componentes aleatórios e um erro sistemático comum ou componente de enviesamento. A precisão refere-se ao grau de reprodutibilidade e consistência dos resultados da medição, mesmo que estejam longe do valor de referência. Os valores exactos diferem uns dos outros devido ao erro aleatório, que é uma forma de erro de observação. Por conseguinte, a precisão pode ser dividida em dois componentes:

Repetibilidade: A variação observada quando o mesmo operador mede a mesma peça repetidamente com o mesmo dispositivo.

Reprodutibilidade: A variação observada quando diferentes operadores medem a mesma peça utilizando o mesmo dispositivo.

A partir das definições anteriores, pode compreender-se que o termo exatidão é, na realidade, uma combinação de veracidade e precisão. A definição gráfica mais conhecida de exatidão e precisão é o exemplo do alvo de dardos, apresentado na Figura 2.1. Esta figura mostra claramente a diferença entre os dois termos.

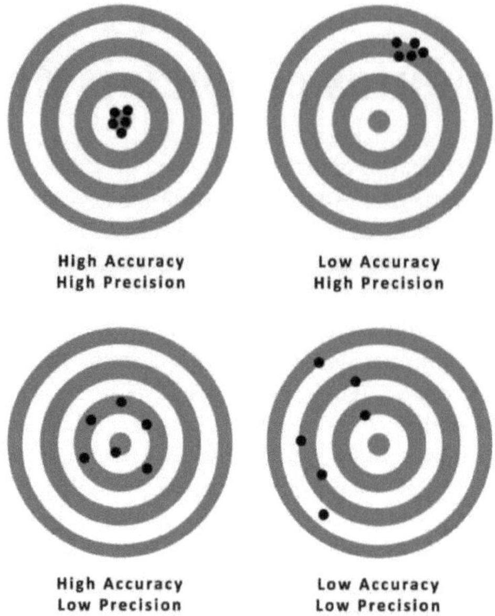

Fig. 2.1. Exemplo de um alvo de dardos que mostra a diferença entre os termos exatidão e precisão

A exatidão e a precisão podem ser facilmente avaliadas através de muitos termos de medição. Os três principais termos utilizados para caraterizar a exatidão de um conjunto de dados são os seguintes

2.2.1. Média ou média aritmética

A média aritmética ou média ($\bar{X}$) é a soma de um conjunto de números individuais (x_i) dividida pelo número (n) de números do conjunto, ou seja

$$\bar{X} = \sum_{i=1}^{n} \frac{x_i}{n} = \frac{x_1 + x_2 + x_3 + \cdots + x_n}{n}$$

Outro termo é a média ponderada, ou média ponderada. Em vez de cada ponto de dados contribuir igualmente para a média final, a média ponderada dá mais valor a alguns resultados de medição no cálculo e, assim, alguns pontos de dados contam mais fortemente do que outros. Assim, a média aritmética pode ser interpretada como um caso especial de uma média ponderada em que todos os pesos são iguais entre si e considerada como a média não ponderada ou média igualmente ponderada.

Quando os números de medições individuais pertencem a vários conjuntos de dados amostrados de um processo, a média de todo o processo ou da população de origem das amostras individuais pode diferir da média de cada conjunto de dados. Nesses casos, a média do processo ($\bar{\bar{X}}$) é a média de todas as médias dos conjuntos de dados, ou seja

$$\bar{\bar{X}} = \sum_{i=1}^{k} \frac{\bar{X}_i}{k} = \frac{\bar{X}_1 + \bar{X}_2 + \bar{X}_3 + \cdots + \bar{X}_k}{k}$$

em que k é o número de conjuntos de dados, de modo a que cada conjunto inclua n amostras individuais.

2.2.2. Mediana

A mediana ou valor médio é o valor que separa a metade superior de um conjunto de dados, uma população ou uma distribuição de probabilidade da metade inferior. A mediana é normalmente utilizada para distribuições enviesadas. O valor da mediana de certos conjuntos de dados ou distribuições pode ser obtido a partir dos seus parâmetros. Os métodos de cálculo da mediana para algumas distribuições comuns estão resumidos abaixo:

A mediana de uma distribuição normal com média ^ e variância σ^2 é igual ao valor médio.

A mediana de uma distribuição uniforme no intervalo [*a*, *b*] é igual ao valor médio, ou seja, $(a+b)/2$.

A mediana de uma distribuição de Cauchy com parâmetro de localização *x0* e parâmetro de escala *y* é igual ao parâmetro de localização.

A mediana de uma distribuição de lei de potência x^{-a}, com expoente a > 1 is $2^{1/(a-1)}x_{min}$, onde x_{min} é o valor mínimo para o qual a lei de potência é válida.

A mediana de uma distribuição exponencial com parâmetro de taxa λ is $\lambda^{-1}\ln 2$.

A mediana de uma distribuição de Weibull com parâmetro de forma *k* e parâmetro de escala λ is $\lambda(\ln 2)^{1/k}$.

2.2.3. Modo

A moda ou valor modal de um conjunto de valores de dados é o valor que ocorre mais frequentemente. Por outras palavras, é o valor que tem maior probabilidade de ser amostrado. Para encontrar a moda, primeiro coloque os números por ordem e depois conte quantos de cada número. O número que aparece com mais frequência é a moda. Se nenhum número do conjunto de dados se repetir, então não existe uma moda para o conjunto. Mas os valores dos dados podem ser agrupados para ver se um grupo tem mais do que os outros.

2.2.4. Comparação da média, mediana e moda

A média, a mediana e a moda são, de facto, três tipos de médias. O valor médio pode ser comparado com a mediana. A mediana é o valor em que menos de metade dos valores são maiores e menos de metade são menores do que esse valor. Se os valores no conjunto de dados aumentam aritmeticamente, quando colocados numa determinada ordem, então a mediana e a média aritmética são iguais. A média e a mediana podem assumir valores numéricos, enquanto a moda também faz sentido para dados nominais. À semelhança dos valores da média e da mediana, a moda é uma forma de expressar informação importante sobre uma variável aleatória ou uma população quando utilizada como um único número. O valor numérico da moda é o mesmo que o da média e da mediana numa distribuição normal, mas pode ser muito diferente em distribuições altamente enviesadas. Propõe-se uma multiplicidade de relações empíricas para indicar a correlação relativa entre os valores da média, da mediana e da moda para distribuições enviesadas, mas nenhuma delas é absolutamente verdadeira. Uma relação aproximada bem conhecida é a seguinte

$$\text{Média - Moda} = 3(\text{Média - Mediana})$$

A Figura 2.2 mostra esquematicamente a localização dos valores da média, da mediana e da moda num gráfico de distribuição enviesada.

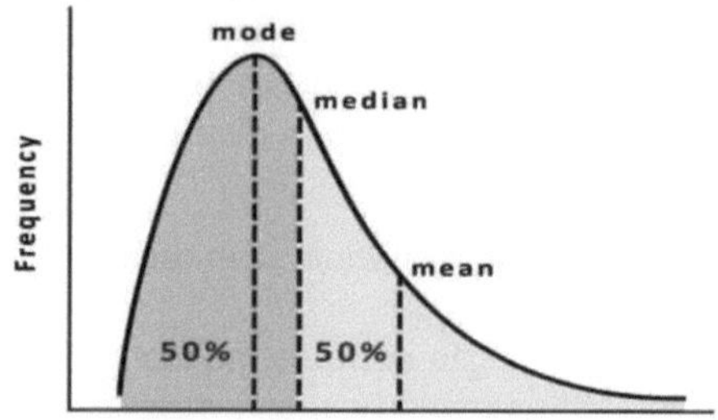

Fig. 2.2. Localização dos valores da média, da mediana e da moda em distribuições enviesadas

A precisão pode ser avaliada utilizando os seguintes termos:

2.2.5. Gama

O intervalo é a diferença entre os valores mais baixos e mais altos num conjunto de dados, ou seja

$$R = x_{max} - x_{min}$$

Quando os números de medição individuais pertencem a vários conjuntos de dados amostrados de um processo, a gama média $(\bar{R})$ de todo o processo ou da população de origem das amostras individuais pode ser calculada da seguinte forma:

$$\bar{R} = \sum_{i=1}^{k} \frac{R_i}{k} = \frac{R_1 + R_2 + R_3 + \cdots + R_k}{k}$$

em que k é o número de conjuntos de dados, de modo a que cada conjunto inclua n amostras individuais e o valor do intervalo de *R*.

2.2.6 Desvio-padrão

O intervalo é a medida mais simples possível da dispersão; no entanto, o intervalo pode, por vezes, induzir em erro quando existem valores extremamente altos ou baixos. Assim, a abordagem mais fiável pode ser a utilização do desvio padrão. O desvio padrão é uma medida do grau de dispersão dos números. Por outras palavras, é utilizado para avaliar a quantidade de variação ou dispersão de um conjunto de valores de dados. Um valor baixo de desvio padrão indica que os pontos de dados tendem a estar próximos da média ou do valor esperado do conjunto, enquanto um desvio padrão elevado indica que os pontos de dados estão espalhados por uma gama mais ampla de valores.

O cálculo do desvio-padrão (σ) é muito fácil; é a raiz quadrada da variância (σ^2), a média das diferenças quadráticas em relação à média:

$$\sigma = \sqrt{\sigma^2} = \sqrt{\frac{\sum_{i=1}^{n}(x_i - \bar{X})^2}{n}}$$

A fórmula acima é utilizada para o desvio-padrão do processo e pode ser aplicada à amostra, utilizando a dimensão da amostra como a dimensão do processo; no entanto, a dimensão real do processo do qual a amostra é retirada pode ser muito maior. Por conseguinte, o desvio-padrão calculado a partir da fórmula acima referida é também conhecido como desvio-padrão da amostra não corrigido ou desvio-padrão da amostra. medida que o número de amostras aumenta, o desvio-padrão estimado aproxima-se do desvio-padrão do processo se o número real de todos os elementos do processo for conhecido! Assim, o desvio da estimativa diminui à medida que a dimensão da amostra aumenta ou que se obtém uma dimensão adequada da amostra. Estatisticamente, o desvio-padrão corrigido ou estimado do processo (s) pode ser calculado utilizando a equação abaixo:

$$s = \sqrt{s^2} = \sqrt{\frac{\sum_{i=1}^{n}(x_i - \bar{X})^2}{n-1}}$$

2.3. Distribuições normais e não-normais

Num conjunto de dados recolhidos de um processo, os valores de medição podem ser distribuídos de forma a que a média, a mediana e a moda sejam iguais. Esta distribuição de dados é designada por distribuição normal. Em muitas investigações de engenharia, a distribuição dos dados segue o estado normal. Na forma mais geral de distribuição normal, as médias dos valores de medição amostrados como variáveis aleatórias independentemente retiradas de distribuições independentes convergem na distribuição para a normal, ou seja, tornam-se normalmente distribuídas quando o número de observações é suficientemente grande. Em geral, uma distribuição normal, com média μ e desvio padrão σ, pode ser caracterizada da seguinte forma:

A moda, a mediana e a média da distribuição são iguais e dividem os dados ao meio.

É unimodal, ou seja, a sua primeira derivada é positiva para valores menores que μ, negativa para valores maiores que μ, e zero apenas no valor médio.

A área sob a curva e sobre o eixo x é a unidade.

O gráfico normal tem a forma de um sino e a sua densidade é logarítmica.

Cerca de 68% dos valores retirados de uma distribuição normal estão dentro de $\mu \pm \sigma$, cerca de 95% dos valores estão dentro de $\mu \pm 2\sigma$, e cerca de 99,7% estão dentro de $\mu \pm 3\sigma$.

A Figura 2.3 mostra uma visão geral de uma distribuição normal.

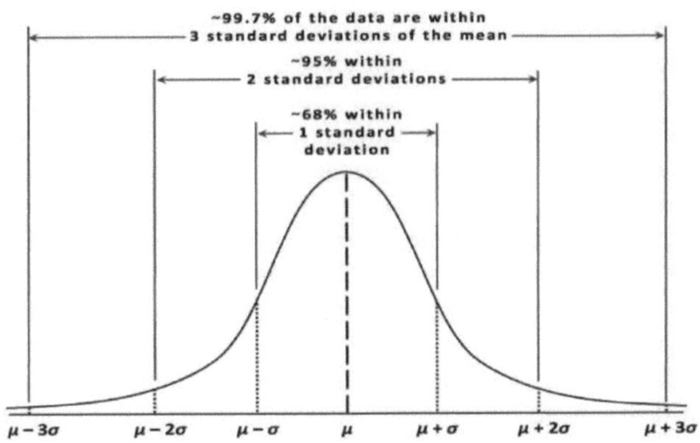

Fig. 2.3. Vista geral de uma distribuição normal

Quando a moda, a mediana e a média de um conjunto de valores de medição têm números diferentes, o conjunto de dados segue uma distribuição não normal ou enviesada. Esta distribuição tem uma cauda mais comprida do que outra. Existem dois tipos de distribuição enviesada: a distribuição enviesada à esquerda, com uma cauda longa à esquerda, e a distribuição enviesada à direita, com uma cauda longa à direita. As distribuições enviesadas à esquerda são também designadas por distribuições negativamente enviesadas, pois têm uma cauda longa no sentido negativo da linha numérica. Há duas razões principais que tornam uma distribuição enviesada para a esquerda:

A média de uma distribuição negativamente enviesada situa-se no lado esquerdo do pico da distribuição. Na maioria dos casos, mas não essencialmente, a média está à esquerda da mediana.

A cauda da distribuição é mais longa no lado esquerdo.

Caso contrário, a distribuição é assimétrica à direita. As distribuições enviesadas para a direita também são designadas por distribuições enviesadas positivas porque a cauda da distribuição é mais comprida no sentido positivo da reta numérica. A média do conjunto de dados numa distribuição enviesada para a direita situa-se à direita do pico e, em muitos casos, à direita da mediana. A Figura 2.4 mostra uma visão geral das distribuições não-normais.

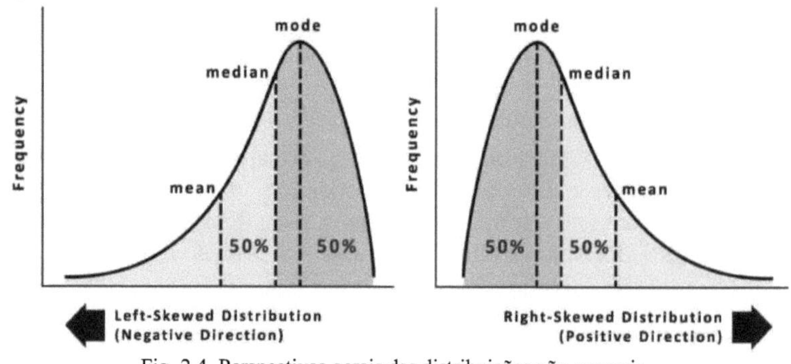

Fig. 2.4. Perspectivas gerais das distribuições não-normais

Felizmente, a maioria dos problemas de engenharia lida com valores de medição que seguem uma distribuição normal, tal como se pretende nas análises de cartas de controlo. A Figura 2.5 mostra a relação entre a distribuição normal e o gráfico de controlo traçado para um conjunto de dados típico. Existem também alguns casos que seguem distribuições enviesadas. Estes tipos de dados têm muitos períodos de tempo curtos com períodos de tempo longos ocasionais e não podem ser diretamente descritos pelas regras de distribuição normal. Não têm de ter uma distribuição normal para que se possa utilizar uma carta de controlo; no entanto, recomenda-se vivamente que a sua distribuição seja tida em conta ao decidir como interpretar as suas cartas de controlo. Basicamente, existem três opções para interpretar o estado de controlo de conjuntos de dados não normais:

Utilizando a carta de controlo convencional: Esta abordagem não é robusta para dados com distribuição não normal. Por conseguinte, é importante utilizar uma abordagem alternativa da carta de controlo.

Transformar os dados numa distribuição normal e utilizar uma carta de controlo convencional: Estas distribuições não normais podem ser transformadas numa distribuição normal utilizando diferentes métodos estatísticos, como a transformação Box-Cox.

Utilização de uma carta de controlo não normal: Estes tipos de cartas de controlo têm um aspeto um pouco diferente. A principal diferença é que os limites de controlo não estão equidistantes da média.

A Figura 2.6 mostra um esquema de dados não-normalmente distribuídos versus o gráfico de controlo correspondente. Tais dados não são o caso de problemas de processamento mineral e, portanto, o assunto deste livro.

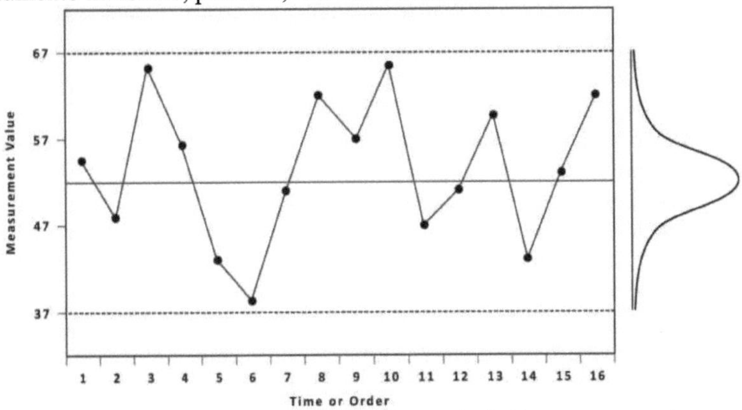

Fig. 2.5. Ilustração esquemática de dados normalmente distribuídos versus a carta de controlo correspondente

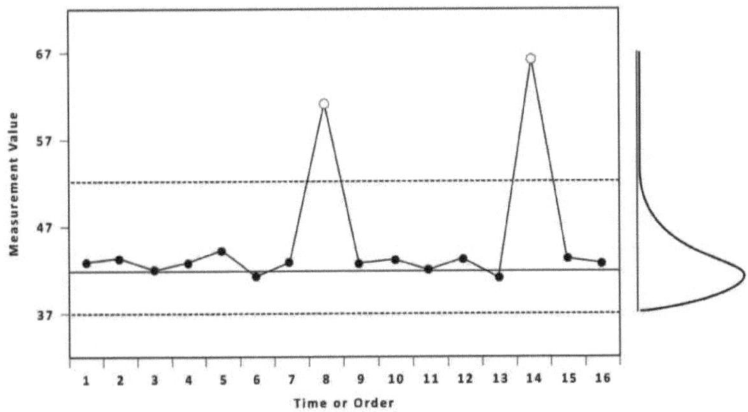

Fig. 2.6. Ilustração esquemática de dados distribuídos de forma não normal versus a carta de controlo correspondente

Capítulo 3
Gráficos de controlo individuais e de cobertura móvel (I-MR)

3.1. Introdução

A carta de indivíduos e de gama móvel, também designada por carta I-MR, é uma das cartas de controlo de Shewart mais utilizadas para dados contínuos, quando cada ponto de dados é recolhido em cada momento. A carta de controlo I-MR é, na realidade, uma carta combinada, ou seja, a carta I e a carta MR, utilizada para monitorizar a centralização e a variação dos dados do processo quando é difícil ou impossível agrupar os valores de medição em subgrupos. Os dois gráficos são úteis em conjunto e devem ser utilizados simultaneamente para fornecer informações completas sobre o comportamento do processo.

O gráfico I é utilizado para detetar tendências e mudanças nos dados e, por conseguinte, no processo. É de notar que os pontos de dados devem estar na ordem certa, ou seja, os pontos de dados capturados na ordem temporal devem ser mantidos na mesma sequência e não reordenados para nossa conveniência, caso contrário, as tendências podem ser incorretamente interpretadas como variações aleatórias (causa comum). O gráfico MR mostra variações de curto prazo no processo. O intervalo móvel é a diferença entre observações consecutivas que se espera que seja prevista. Se os pontos de dados estiverem para além dos limites de controlo, o processo estará fora de controlo e instável devido a uma causa especial. Em geral, o gráfico I-MR tem três aplicações principais:

Interpretar um conjunto de dados em que o subagrupamento é limitado quando as medições são dispendiosas, o volume de produção é baixo ou os produtos têm um tempo de ciclo longo.

Monitorização da estabilidade de um processo

Determinar se um processo é estável e está pronto para ser melhorado

Demonstrar o desempenho melhorado do processo

3.2. Como fazer um gráfico

Como já foi referido, a carta de controlo I-MR é na realidade duas cartas utilizadas em conjunto; uma com pontos de dados individuais (carta individual ou carta I) e a outra com pontos de dados que são valores de intervalo derivados entre pontos individuais consecutivos (carta de intervalo móvel ou carta MR). É de notar que, quando os dados são recolhidos como observações individuais, o desvio padrão não pode ser calculado para cada subgrupo e, por conseguinte, a gama móvel seria uma forma alternativa de calcular a variação do processo, calculando as gamas de duas ou mais observações consecutivas. Os gráficos I-MR são ferramentas muito robustas porque a distribuição normal não é assumida nem exigida no cálculo dos limites de controlo.

As fórmulas necessárias para o cálculo dos limites de controlo e para o traçado da carta I-MR são as seguintes

para o gráfico I:

$$CL_I = \bar{X}$$

$$LCL_I = \bar{X} - 3\frac{\bar{R}}{d_2}$$

$$UCL_I = \bar{X} + 3\frac{\bar{R}}{d_2}$$

e para a carta de RM:

$$CL_{MR} = \bar{R}$$

$$LCL_{MR} = D_3\bar{R}$$

$$UCL_{MR} = D_4\bar{R}$$

As constantes d_2, $D3$ e $D4$ podem ser consultadas no quadro 3.1. Tal como referido no capítulo 1, o gráfico de indivíduos e amplitude móvel (I-MR) é aplicável quando é recolhido um ponto de dados em cada momento. Estes gráficos também podem ser utilizados quando o subgrupo natural ainda não é conhecido. Assim, a dimensão da amostra para este gráfico seria a unidade (ou 2 no quadro 3.1). Por conseguinte, as fórmulas podem ser modificadas da seguinte forma:

para o gráfico I:

$$CL_I = \bar{X}$$

$$LCL_I = \bar{X} - E_2\bar{R}$$

$$UCL_I = \bar{X} + E_2\bar{R}$$

e para a carta de RM:

$$CL_{MR} = \bar{R}$$

$$LCL_{MR} = 0$$

$$UCL_{MR} = D_4\bar{R}$$

Para interpretar os gráficos I-MR, considere que os pontos fora dos limites de controlo, seja o limite superior de controlo ou o limite inferior de controlo, são sinais que indicam que o processo não está a funcionar de forma tão consistente como desejável devido a algumas causas especiais. Do mesmo modo, a existência de pontos num dos lados da linha média também deve ser interpretada como um sinal de alguma alteração no processo. Quando tais sinais existem, devem ser tomadas medidas para os identificar e eliminar. Caso contrário, o processo é estável e está sob controlo e não são necessárias ou desejáveis alterações às variáveis de controlo do processo.

Quadro 3.1. Constantes para o cálculo dos limites de controlo para as cartas de indivíduos e de amplitude móvel (I-MR)

Observações na amostra, *n*	**Divisores para Estimar *a*, d_2**	**Fator de limite de controlo, E_2**	**Fator de limite de controlo inferior, D_3**	**Fator de limite superior de controlo, D_4**
2	1.128	2.660	0	3.267
3	1.693	1.772	0	2.574
4	2.059	1.457	0	2.282
5	2.326	1.290	0	2.114

6	2.534	1.184	0	2.004
7	2.704	1.109	0.76	1.924
8	2.847	1.054	0.136	1.864
9	2.970	1.010	0.184	1.816
10	3.078	0.975	0.223	1.777

3.3. Exemplo 1: Monitorização da recuperação de cobre de um banco de flotação desbastador

A tabela seguinte lista os valores de recuperação de cobre calculados durante um programa de amostragem de um banco de flotação rougher numa fábrica de processamento de cobre. As amostras são recolhidas durante um turno de trabalho, de modo a que seja recolhida uma amostra a cada 30 minutos. Em relação às recuperações de cobre, indique se o processo de flotação está sob controlo ou fora de controlo.

Tempo de amostragem (h)	8	8:30	9	9:30	10	10:30	11	11:30
Recuperação de Cu (%)	80.70	81.78	82.01	79.05	81.91	84.46	78.83	82.74

Solução manual:

Uma vez que o valor-alvo de recuperação não é determinado e que, além disso, só é recolhida uma amostra de cada vez, o gráfico I-MR seria o método adequado para determinar o estado de controlo do processo de flotação. A tabela abaixo mostra os valores de intervalo para os dados de medição:

Tempo de amostragem (h)	8	8:30	9	9:30	10	10:30	11	11:30
Recuperação de Cu (%)	80.70	81.78	82.01	79.05	81.91	84.46	78.83	82.74
Recuperação Gama	-	1.08	0.22	2.96	2.86	2.55	5.63	3.92

Utilizando as fórmulas relacionadas com I-MR, a linha central e os limites de controlo podem ser calculados da seguinte forma

para o gráfico I:

$CL_I = 81,43$

$LCLI = 81,43 - (2,66 \times 2,75) = 74,13$

$UCLI = 81,43+(2,66 \times 2,75) = 88,74$

e para a carta de RM:

$CL_{MR} = 2,75$

$LCL_{MR} = 0$

$UCL_{W_{RM}} = 3,267 \times 2,75 = 8,97$

Por conseguinte, as cartas de controlo podem ser representadas da seguinte forma

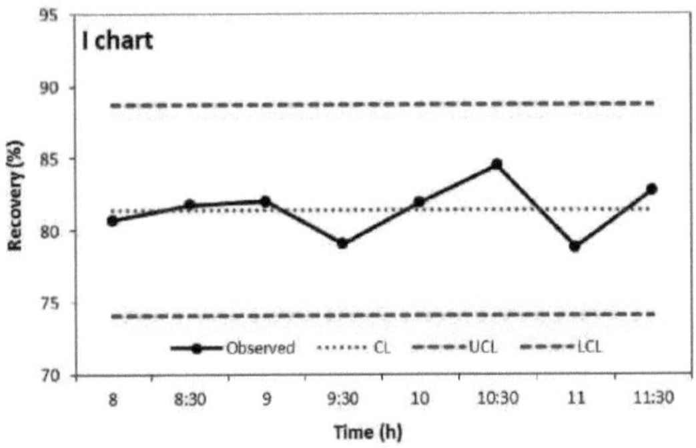

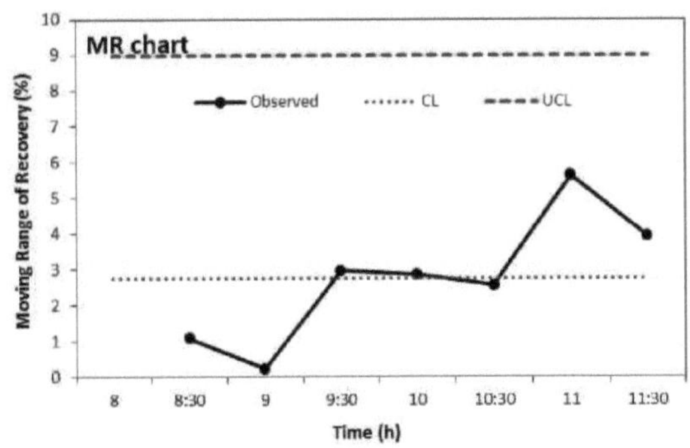

Como se pode ver nos gráficos, o processo está sob controlo e estável; no entanto, podem ser observadas duas mudanças invulgares, mas previsíveis, nos momentos inicial e final do processo. A mudança inicial pode ser atribuída à instabilidade comum do tempo de arranque do processo e a mudança final deve-se normalmente ao cansaço dos trabalhadores por turnos, o que leva a que não trabalhem bem ou não façam a amostragem correcta!

Solução de software:

Vamos resolver o problema usando o software Minitab. Para isso, siga as instruções abaixo:

Primeiro, introduza os valores de recuperação Time e Cu na folha de dados do Minitab:

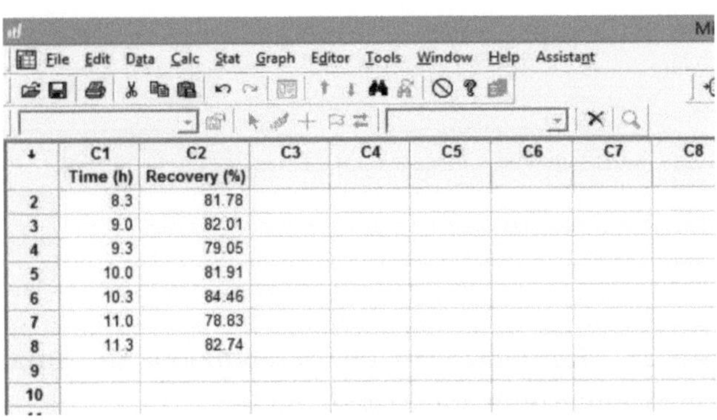

↓	C1	C2	C3	C4	C5	C6	C7	C8
	Time (h)	Recovery (%)						
2	8.3	81.78						
3	9.0	82.01						
4	9.3	79.05						
5	10.0	81.91						
6	10.3	84.46						
7	11.0	78.83						
8	11.3	82.74						
9								
10								

Em seguida, abra a janela de análise I-MR utilizando o caminho abaixo:

Stat ^ Gráficos de controlo ^ Gráficos de variáveis para indivíduos ^ I-MR

Seleccione a coluna Dados de recuperação:

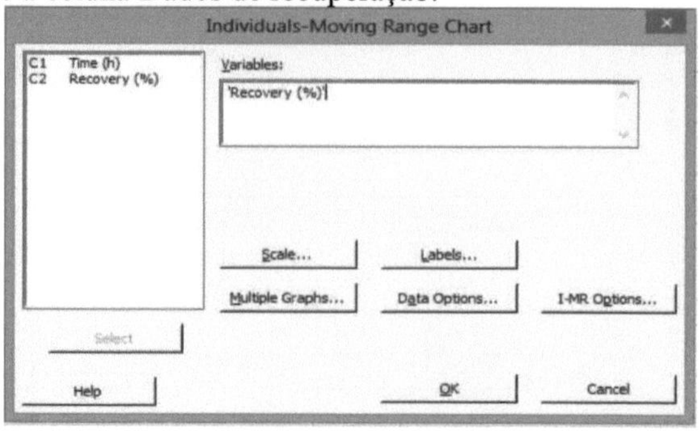

Para definir o eixo x como sequência temporal, entre na janela Escala clicando no respetivo botão; em seguida, active o marcador Carimbo para Escala X, seleccione a coluna Tempo e clique em OK:

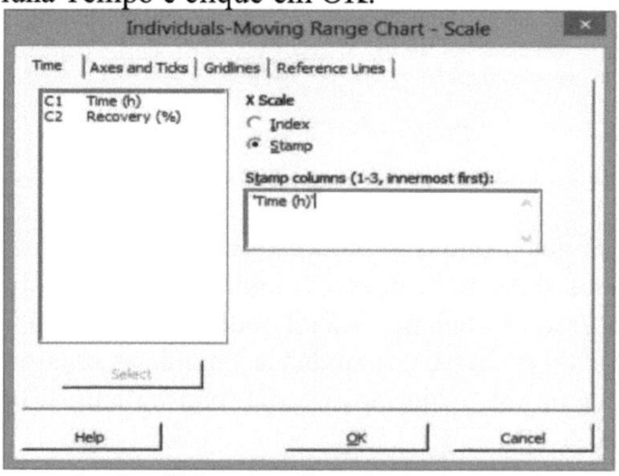

Por fim, clique no botão OK na janela principal para ver os gráficos:

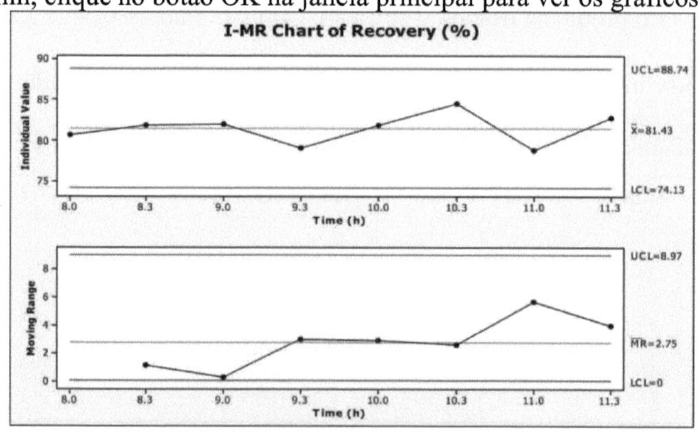

3.4. Exemplo 2: Monitorização do desempenho de uma instalação piloto de processamento de minério de ferro

A informação anual sobre a eficiência de uma instalação de processamento de minério de ferro que consiste num fluxograma simples de separadores magnéticos secos e húmidos é apresentada no quadro seguinte. Esta informação corresponde aos valores médios dos dados recolhidos de duas em duas semanas em 2016. Avaliar o estado de controlo da instalação.

Data	**Rendimento**	**Grau Fe**	**Grau P**	**Grau S**
	(%)	**(%)**	**(%)**	**(%)**
meados de janeiro.	57.5	69.3	0.02	0.07
Jan.	56.7	70.1	0.028	0.078
meados de fevereiro.	59.6	67.2	0.001	0.049
Fev.	61.2	65.6	0.015	0.033
meados de março.	60.2	66.6	0.025	0.043
Mar.	58.8	68	0.039	0.057
meados de abril.	57.4	69.4	0.053	0.071
abril.	60.1	66.7	0.026	0.044
meados de maio	64.7	62.1	0.02	0.002
maio	57.8	69	0.089	0.071
meados de junho.	57.9	68.9	0.088	0.07
Jun.	58.1	68.7	0.086	0.068
meados de julho.	59	67.8	0.077	0.059
Jul.	59.2	67.6	0.075	0.057
meados de agosto.	58.7	68.1	0.08	0.062

Ago.	60	66.8	0.067	0.049
meados de setembro.	54.3	72.5	0.124	0.106
Set.	59.2	67.6	0.075	0.057
meados de outubro.	57.6	69.2	0.091	0.073
Out.	60.1	66.7	0.066	0.048
meados de novembro.	63.4	63.4	0.033	0.015
Nov.	57.6	69.2	0.091	0.073
meados de dezembro.	57.8	69	0.089	0.071
Dez.	58.1	68.7	0.086	0.068

Solução:

Vamos resolver o problema usando o software Minitab. Siga as mesmas instruções descritas no exemplo anterior:

Primeiro, introduza os valores de Date, Yield e Iron, Phosphorus e Sulfur grade na folha de dados do Minitab:

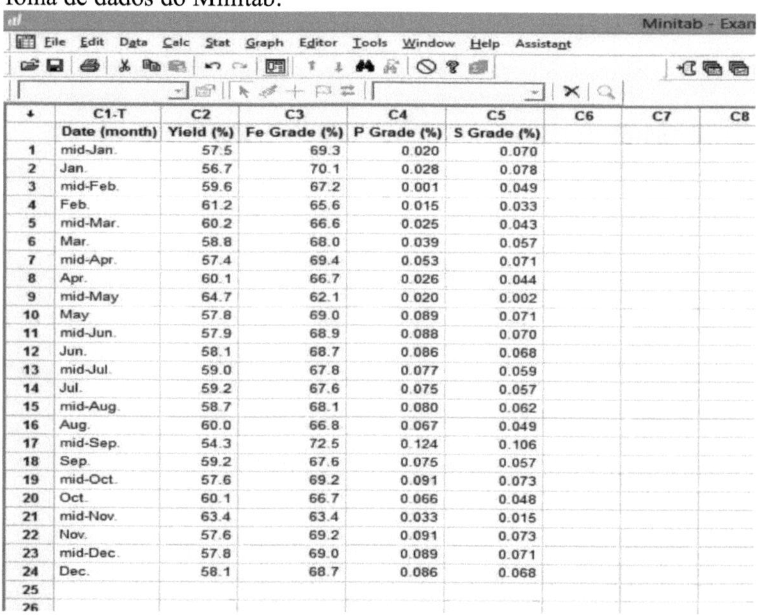

↓	C1-T	C2	C3	C4	C5	C6	C7	C8
	Date (month)	Yield (%)	Fe Grade (%)	P Grade (%)	S Grade (%)			
1	mid-Jan.	57.5	69.3	0.020	0.070			
2	Jan.	56.7	70.1	0.028	0.078			
3	mid-Feb.	59.6	67.2	0.001	0.049			
4	Feb.	61.2	65.6	0.015	0.033			
5	mid-Mar.	60.2	66.6	0.025	0.043			
6	Mar.	58.8	68.0	0.039	0.057			
7	mid-Apr.	57.4	69.4	0.053	0.071			
8	Apr.	60.1	66.7	0.026	0.044			
9	mid-May	64.7	62.1	0.020	0.002			
10	May	57.8	69.0	0.089	0.071			
11	mid-Jun.	57.9	68.9	0.088	0.070			
12	Jun.	58.1	68.7	0.086	0.068			
13	mid-Jul.	59.0	67.8	0.077	0.059			
14	Jul.	59.2	67.6	0.075	0.057			
15	mid-Aug.	58.7	68.1	0.080	0.062			
16	Aug.	60.0	66.8	0.067	0.049			
17	mid-Sep.	54.3	72.5	0.124	0.106			
18	Sep.	59.2	67.6	0.075	0.057			
19	mid-Oct.	57.6	69.2	0.091	0.073			
20	Oct.	60.1	66.7	0.066	0.048			
21	mid-Nov.	63.4	63.4	0.033	0.015			
22	Nov.	57.6	69.2	0.091	0.073			
23	mid-Dec.	57.8	69.0	0.089	0.071			
24	Dec.	58.1	68.7	0.086	0.068			
25								
26								

Em seguida, abra a janela de análise I-MR utilizando o caminho abaixo:

Stat → Gráficos de controlo → Gráficos de variáveis para indivíduos → I-MR

Seleccione a coluna de dados Rendimento:

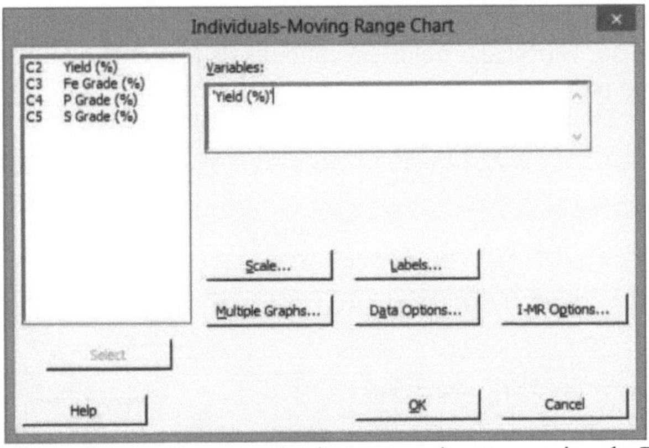

Para definir o eixo x como sequência temporal, entre na janela Escala clicando no respetivo botão; em seguida, active o marcador Carimbo para Escala X, seleccione a coluna Data e clique em OK:

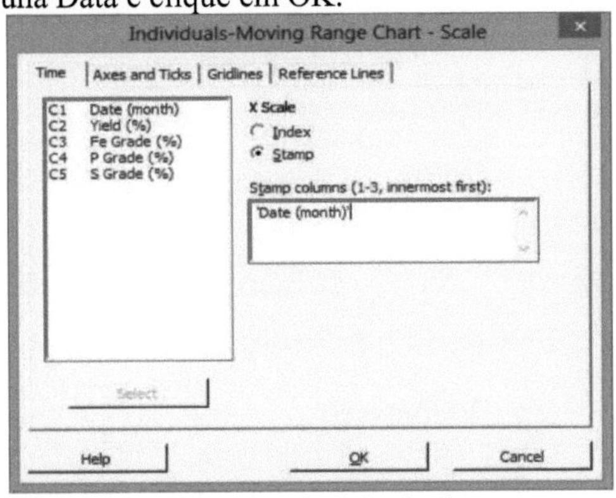

Por fim, clique no botão OK na janela principal para ver os gráficos I e MR para os valores de rendimento:

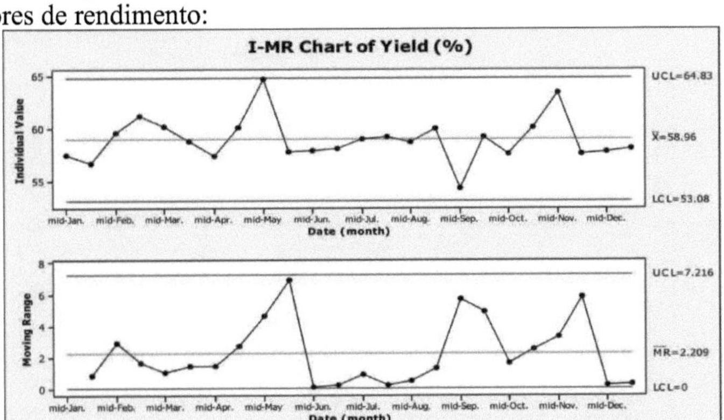

Os gráficos de controlo indicam que o rendimento do processo é estatisticamente estável e está sob controlo, mas com algumas flutuações acentuadas em meados de

maio, meados de setembro e novembro. Estas variações invulgares, mas que estão sob controlo, devem ser verificadas pelos engenheiros de processo.
Efetuar o mesmo procedimento para as outras variáveis:

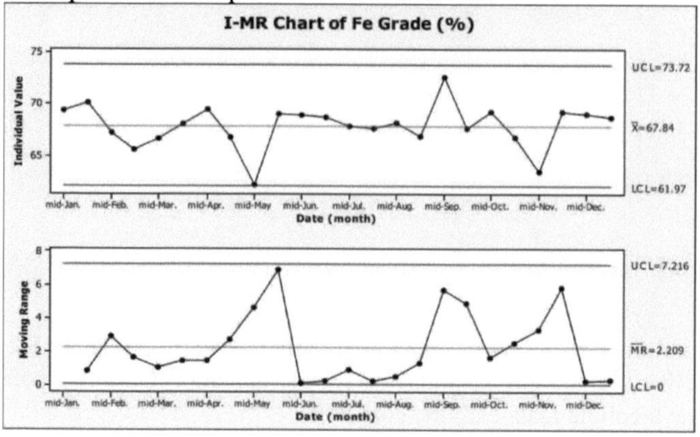

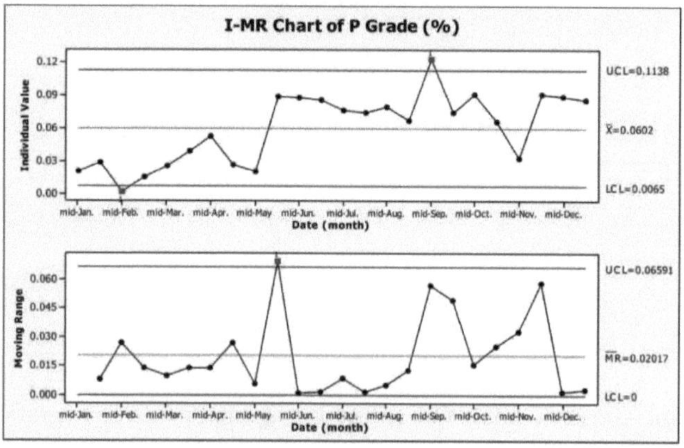

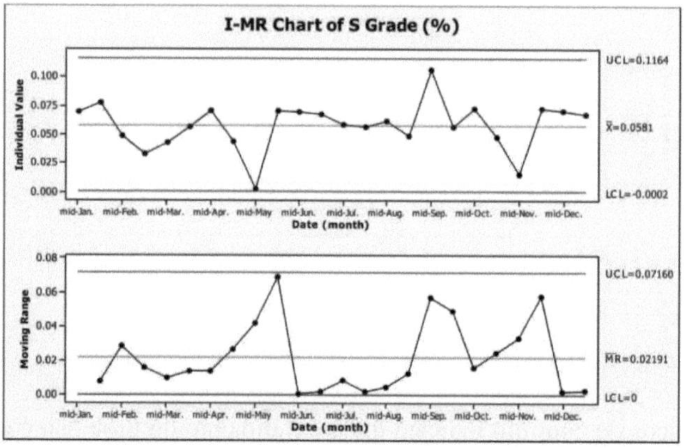

Como se pode ver nos gráficos de controlo do grau, o processo é influenciado por algumas causas especiais para o grau de fósforo em meados de fevereiro e meados de setembro. As variações das outras variáveis estão estatisticamente sob controlo e são previsíveis.

3.5. Exemplo 3: Monitorização da carga de bolas numa fábrica de processamento de minério de ferro

O circuito de moagem de uma fábrica de processamento de minério de ferro inclui dois moinhos de bolas semelhantes em série que preparam a alimentação para os separadores magnéticos. Os pormenores da folha de dados de carga de bolas durante 2015 são apresentados na tabela seguinte. A carga total de bolas por cada tonelada de alimentação foi aceite e interpretada como resposta ao processo pelos engenheiros da divisão de processamento. Indicar se o consumo total de bolas tem estado sob controlo.

Mês	Potência do moinho 1 (MW)	Potência do moinho 2 (MW)	Carga de bolas Moinho 1 (t)	Carga de bolas Moinho 2 (t)	Carga total da bola (t)	Rendimento total (t)	Unidade Carga de bolas 1 (g/t)	Unidade Carga de bolas 2 (g/t)	Carga unitária total de bolas (g/t)
Jan.	3.9	3.8	100.62	87.36	187.98	113636	885.46	768.77	1654.23
Fev.	3.8	3.76	34.12	91	125.12	106478	320.49	854.64	1175.12
Mar.	3.6	3.7	32.37	57.33	89.70	54333	595.77	1055.16	1650.93
abril.	3.98	4.03	47.25	32.04	79.29	123206	383.50	260.05	643.56
maio	3.85	4	60.37	84.63	145	161401	374.04	524.35	898.38
Jun.	3.6	3.5	28.87	27.3	56.17	88029	328.02	310.12	638.14
Jul.	3.56	3.42	64.75	84.63	149.38	234441	276.19	360.99	637.17

Ago.	3.24	3	39.37	0	39.37	96043	409.97	0	409.97
Set.	3.03	3.09	59.03	88.23	147.26	45869	1286.93	1923.52	3210.45
Out.	3.5	3.5	34.61	32.22	66.83	244056	141.81	132.02	273.83
Nov.	3.8	3.8	32.22	78.98	111.20	90567	355.76	872.06	1227.82
Dez.	3.9	3.6	65.78	42.11	107.89	118900	553.24	354.16	907.40

Solução:

Vamos resolver o problema usando o software Minitab. Siga as mesmas instruções descritas nos exemplos anteriores:

Primeiro, insira os valores Month e Total Unit Ball Charge na planilha de dados do Minitab:

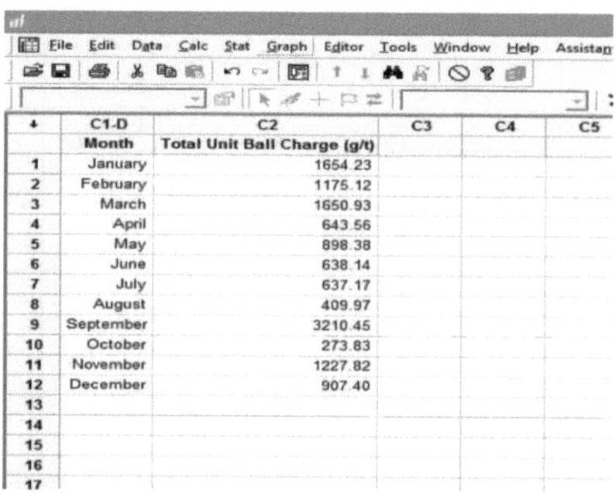

Em seguida, abra a janela de análise I-MR utilizando o caminho abaixo:

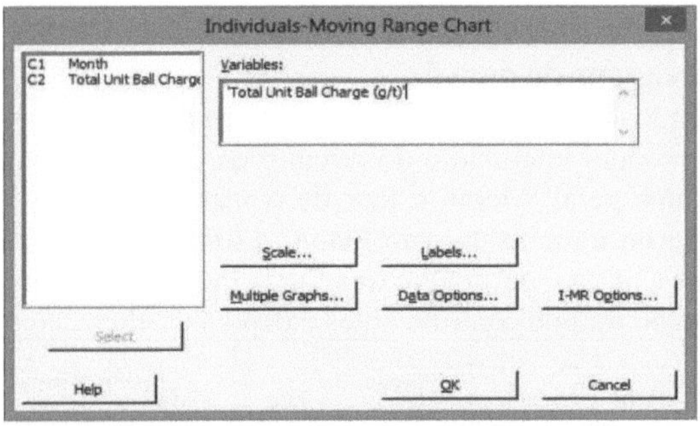

Stat → Gráficos de controlo → Gráficos de variáveis para indivíduos → I-MR

Seleccione a coluna de dados Total Unit Ball Charge:

Para definir o eixo x como sequência temporal, entre na janela Escala clicando no respetivo botão; em seguida, active o marcador Carimbo para Escala X, seleccione a coluna Mês e clique em OK:

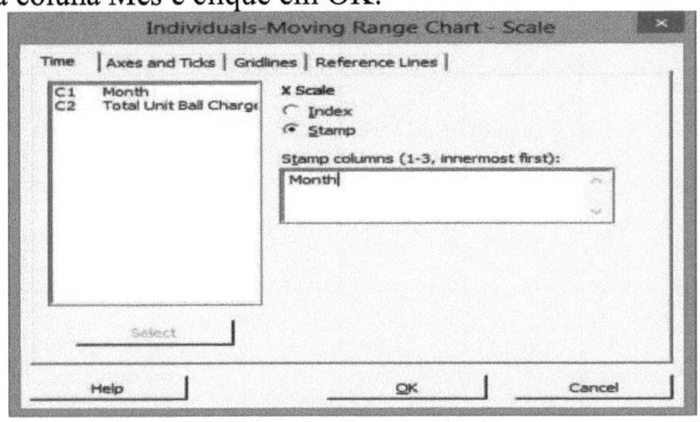

Por fim, clique no botão OK na janela principal para ver os gráficos I e MR para os valores de Carga Total Unitária de Esferas. Como se vê, observa-se uma tendência de instabilidade em outubro, indicando que o processo está fora de controlo.

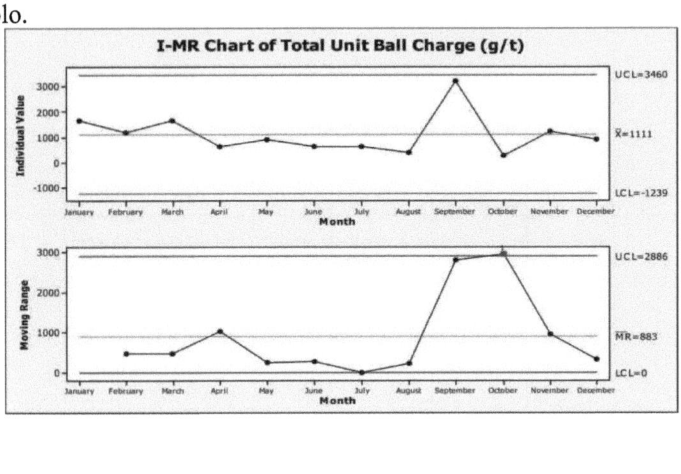

3.6. Exemplo 4: Monitorização do resultado da otimização numa instalação de lavagem de carvão

Numa instalação de lavagem de carvão, o engenheiro de processos decidiu diminuir o teor de cinzas do produto intermédio do circuito de jigue, adicionando uma unidade espiral ao fluxograma geral. Mediu o teor de cinzas do produto intermédio antes e depois da alteração do circuito durante março e abril de 2016, respetivamente. Os resultados são apresentados no quadro seguinte. Indique se o processo de jigagem esteve sob controlo ou fora de controlo antes e depois da alteração.

Dia	Mês	Cinzas (%)	Dia	Mês	Cinzas (%)
1	março	23.41	1	abril	20.76
2	março	22.23	2	abril	19.79
3	março	22.91	3	abril	20.30
4	março	23.19	4	abril	20.69
5	março	21.89	5	abril	20.89
6	março	22.56	6	abril	21.01
7	março	23.01	7	abril	20.21
8	março	21.99	8	abril	20.44
9	março	21.68	9	abril	19.99
10	março	23.21	10	abril	20.23
11	março	22.01	11	abril	19.83

12	março	22.09	12	abril	20.17
13	março	22.43	13	abril	20.47
14	março	22.87	14	abril	20.39
15	março	23.11	15	abril	20.61
16	março	23.03	16	abril	20.54
17	março	22.9	17	abril	21.17
18	março	22.78	18	abril	21.22
19	março	21.96	19	abril	19.80
20	março	22.87	20	abril	21.09
21	março	23.21	21	abril	19.79
22	março	21.87	22	abril	20.13
23	março	22.45	23	abril	20.39
24	março	22.08	24	abril	19.44
25	março	22.18	25	abril	20.21
26	março	22.76	26	abril	21.09

27	março	23.12	27	abril	20.81
28	março	23.09	28	abril	20.44
29	março	22.87	29	abril	19.79
30	março	22.63	30	abril	20.19
31	março	22.89	31	abril	20.09

Solução:

Vamos resolver o problema usando o software Minitab. Siga as mesmas instruções abaixo:

Primeiro, digite os valores de Day, Month e Ash em série na planilha de dados do Minitab:

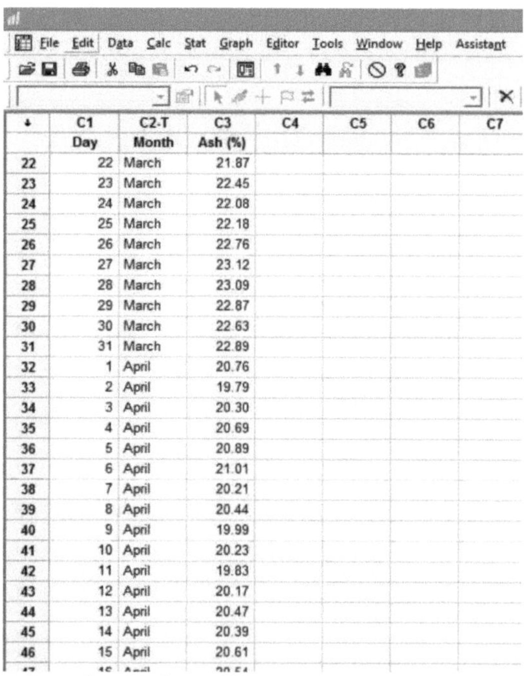

↓	C1 Day	C2-T Month	C3 Ash (%)	C4	C5	C6	C7
22	22	March	21.87				
23	23	March	22.45				
24	24	March	22.08				
25	25	March	22.18				
26	26	March	22.76				
27	27	March	23.12				
28	28	March	23.09				
29	29	March	22.87				
30	30	March	22.63				
31	31	March	22.89				
32	1	April	20.76				
33	2	April	19.79				
34	3	April	20.30				
35	4	April	20.69				
36	5	April	20.89				
37	6	April	21.01				
38	7	April	20.21				
39	8	April	20.44				
40	9	April	19.99				
41	10	April	20.23				
42	11	April	19.83				
43	12	April	20.17				
44	13	April	20.47				
45	14	April	20.39				
46	15	April	20.61				

Em seguida, abra a janela de análise I-MR utilizando o caminho abaixo:

Stat → Gráficos de controlo → Gráficos de variáveis para indivíduos → I-MR

Seleccione a coluna de dados Cinzas:

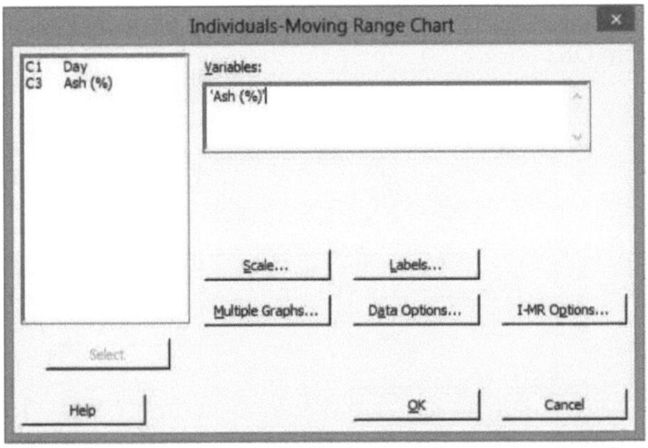

Para definir o eixo x como sequência temporal, entre na janela Escala clicando no respetivo botão; em seguida, active o marcador Carimbo para Escala X, seleccione a coluna Dia e clique em OK:

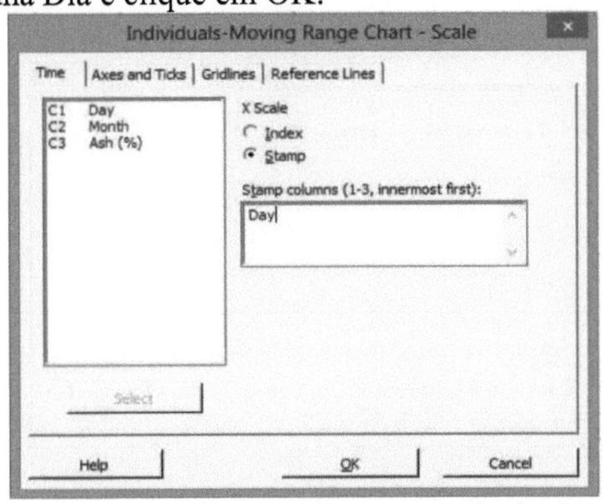

A melhor opção em um caso como o deste exemplo é criar uma carta de controle em estágios para monitorar como um processo se altera em períodos específicos de tempo. Em cada estágio, o Minitab recalcula a linha central e os limites de controle nos gráficos. Para plotar ambas as variações em um único gráfico, selecione o botão I-MR Options...;

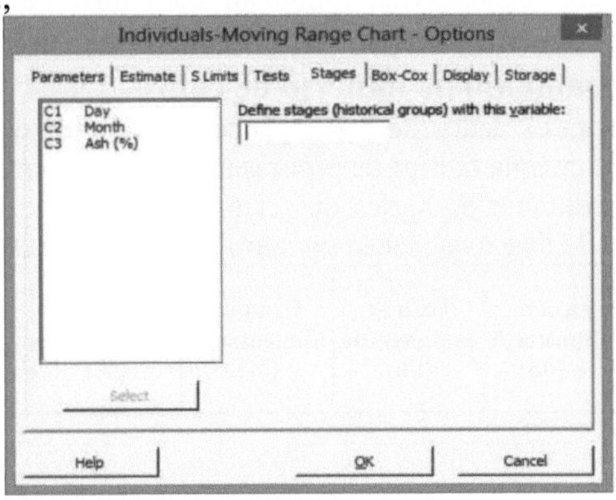

No menu Etapas, seleccione a coluna Mês como etapa de variação e, em seguida, clique em OK:

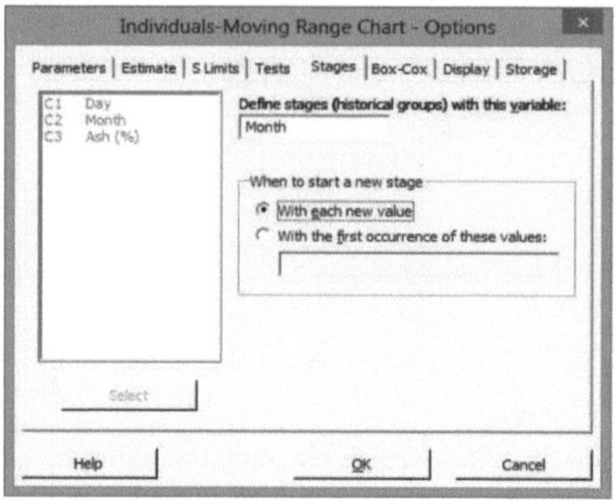

Por fim, clique no botão OK na janela principal para ver os gráficos I e MR para os valores de Ash:

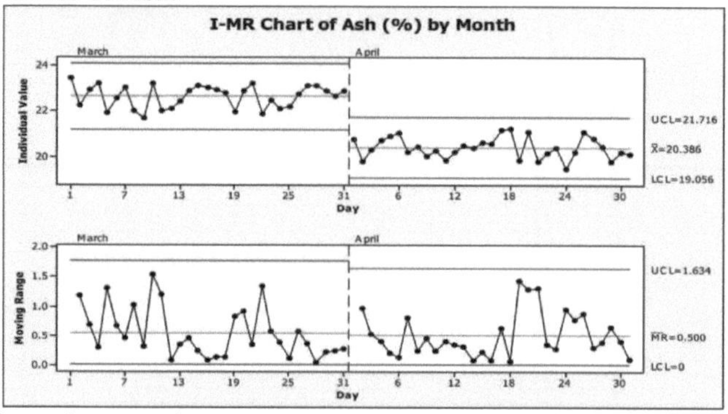

Os gráficos de controlo mostram que a estratégia de otimização melhorou a eficiência do processo, diminuindo o teor de cinzas do produto intermédio do circuito de jigging através da adição de uma unidade em espiral. Além disso, o processo tem estado sob controlo e estável mesmo após a otimização. Os gráficos indicam também que as variações do teor de cinzas diminuíram após a otimização do circuito.

3.7. Exemplo 5: Monitorização dos resultados metalúrgicos numa fábrica de processamento de minério de cobre

A tabela abaixo mostra os dados de desempenho metalúrgico obtidos da divisão de controlo de qualidade de uma fábrica de processamento de minério de cobre. Os dados estão documentados durante os meses de setembro, outubro e novembro de 2014. Indique os conjuntos de dados que estão incontrolados e os que estão fora de controlo.

Dia	Mês	Taxa de alimentação (t/h)	Taxa de concentrado (t/h)	Grau de alimentação (%)	Grau de concentração (%)	Grau de rejeito (%)	Recuperação (%)

1	setembro	19642.23	356.39	0.58	28.72	0.06	90.35
2	setembro	19836.25	467.85	0.68	27.10	0.04	93.78
3	setembro	19546.18	473.59	0.70	27.29	0.04	94.43
4	setembro	19834.33	432.36	0.60	25.36	0.05	91.82
5	setembro	19594.20	438.17	0.70	29.07	0.05	93.39
6	setembro	20266.55	470.16	0.76	30.69	0.05	93.58
7	setembro	19388.46	404.90	0.73	32.52	0.05	92.91
8	setembro	19243.77	405.94	0.73	32.26	0.05	93.70
9	setembro	19272.71	372.75	0.64	30.78	0.05	92.39
10	setembro	19089.43	383.81	0.68	31.52	0.05	93.12
11	setembro	18491.38	341.11	0.62	31.30	0.05	92.53
12	setembro	19292.00	376.61	0.61	29.26	0.04	93.57
13	setembro	19388.46	370.34	0.61	29.77	0.04	93.54
14	setembro	18894.24	382.91	0.63	28.54	0.05	91.75
15	setembro	18547.38	326.32	0.57	28.70	0.06	89.00

16	setembro	18788.25	425.97	0.77	30.69	0.07	90.52
17	setembro	20570.73	389.37	0.63	30.87	0.05	92.79
18	setembro	14115.28	273.37	0.68	32.38	0.05	92.21
19	setembro	20185.33	462.77	0.80	32.64	0.05	93.45
20	setembro	20088.98	475.91	0.81	31.91	0.05	93.55
21	setembro	19423.80	397.31	0.68	30.57	0.05	92.27
22	setembro	19807.48	342.82	0.62	32.20	0.06	90.08
23	setembro	20191.16	430.65	0.74	31.94	0.06	91.66
24	setembro	19615.64	386.04	0.70	30.56	0.10	86.04
25	setembro	18867.46	389.19	0.66	29.77	0.05	92.61
26	setembro	19500.54	387.62	0.63	29.94	0.04	94.29
27	setembro	16833.96	372.27	0.71	30.02	0.05	93.48
28	setembro	16770.12	347.09	0.71	31.36	0.06	91.13
29	setembro	19613.33	359.45	0.61	30.00	0.07	89.49
30	setembro	15735.07	331.24	0.74	31.56	0.08	89.50

1	outubro	20006.41	453.71	0.69	26.30	0.10	86.49
2	outubro	19757.90	436.91	0.70	28.76	0.07	90.22
3	outubro	20721.70	448.13	0.67	28.49	0.05	92.22
4	outubro	21259.47	462.87	0.70	29.24	0.07	90.78
5	outubro	18626.53	392.24	0.66	28.74	0.06	91.15
6	outubro	20392.28	401.64	0.64	29.27	0.07	89.87
7	outubro	20426.50	366.42	0.61	30.04	0.07	88.05
8	outubro	19477.24	481.41	0.78	29.13	0.06	92.82
9	outubro	19161.05	463.70	0.77	28.83	0.08	90.12
10	outubro	19622.76	469.88	0.67	25.87	0.06	91.82
11	outubro	18830.05	421.25	0.64	25.50	0.07	88.93
12	outubro	18496.14	429.92	0.62	24.68	0.05	92.55
13	outubro	15042.95	340.60	0.64	26.72	0.04	94.40
14	outubro	12625.81	301.93	0.84	33.21	0.05	94.64
15	outubro	17376.11	396.38	0.82	33.61	0.06	93.03

16	outubro	17789.60	322.10	0.66	32.87	0.06	90.34
17	outubro	17260.72	365.55	0.73	30.08	0.09	87.85
18	outubro	17340.56	334.36	0.72	33.55	0.08	89.51
19	outubro	19711.51	414.86	0.65	26.55	0.09	86.52
20	outubro	18710.09	405.93	0.76	28.84	0.13	82.70
21	outubro	19214.40	504.86	0.74	24.55	0.10	87.10
22	outubro	20626.48	536.57	0.93	31.50	0.12	87.67
23	outubro	19769.15	462.06	0.82	31.50	0.08	90.08
24	outubro	19769.15	449.86	0.74	29.34	0.07	90.18
25	outubro	15471.19	325.33	0.61	24.66	0.09	85.59
26	outubro	16277.50	362.08	0.72	28.62	0.08	88.52

27	outubro	18583.66	398.60	0.67	26.38	0.10	84.86
28	outubro	4645.92	83.88	0.65	27.30	0.16	75.83
29	outubro	17234.83	365.00	0.72	30.03	0.09	87.72
30	outubro	5965.78	148.52	0.74	26.20	0.09	88.14

1	novembro	20022.56	409.10	0.64	27.78	0.08	89.30
2	novembro	19995.04	456.90	0.70	28.21	0.06	92.92
3	novembro	20335.28	465.47	0.69	28.17	0.05	94.26
4	novembro	20752.37	452.09	0.66	27.57	0.06	92.21
5	novembro	19301.47	419.36	0.69	29.20	0.05	93.20
6	novembro	20532.71	440.26	0.71	30.28	0.06	92.64
7	novembro	20106.56	389.51	0.68	31.59	0.06	91.39
8	novembro	19554.11	448.11	0.76	31.00	0.05	94.19
9	novembro	19409.05	422.41	0.72	30.10	0.06	92.17
10	novembro	19549.66	431.12	0.68	28.98	0.05	93.40
11	novembro	18847.32	384.99	0.64	28.69	0.06	91.64
12	novembro	19083.01	407.30	0.62	27.24	0.04	93.99
13	novembro	17387.86	359.03	0.63	28.53	0.04	94.91
14	novembro	15917.62	345.85	0.74	31.18	0.05	94.13
15	novembro	18141.36	364.96	0.70	31.47	0.06	91.92
16	novembro	18471.81	377.77	0.72	32.10	0.07	91.33

17	novembro	19104.88	381.23	0.68	30.78	0.07	91.22
18	novembro	15885.20	306.90	0.71	33.29	0.07	91.77
19	novembro	20147.90	443.20	0.73	29.89	0.07	90.88
20	novembro	19593.53	445.33	0.79	30.68	0.09	89.01
21	novembro	19512.29	455.60	0.72	27.84	0.08	90.58
22	novembro	20419.15	444.09	0.78	32.17	0.09	89.76
23	novembro	20179.96	450.82	0.79	32.04	0.07	91.78
24	novembro	19889.32	422.13	0.73	30.25	0.09	88.99
25	novembro	17341.02	360.83	0.64	27.49	0.07	90.00
26	novembro	18067.91	378.60	0.68	29.57	0.06	92.32
27	novembro	17885.90	389.28	0.70	28.48	0.08	90.06
28	novembro	10815.10	217.64	0.69	29.62	0.11	84.32
29	novembro	18608.32	365.85	0.68	30.31	0.08	89.49
30	novembro	10958.93	242.28	0.75	29.17	0.09	89.71

Solução:

Vamos resolver o problema usando o software Minitab. Siga as mesmas instruções abaixo:

Primeiro, insira Day, Month e Metallurgical parameters em série na planilha de dados do Minitab:

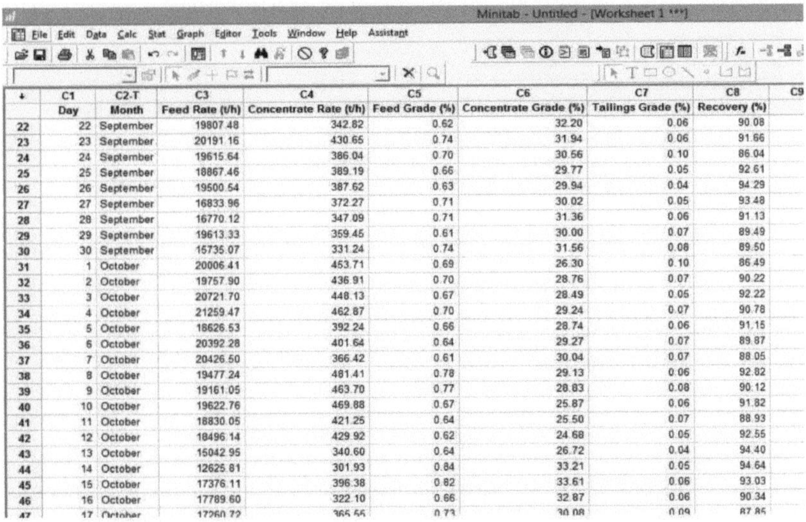

Minitab - Untitled - [Worksheet 1 ***]

↓	C1 Day	C2-T Month	C3 Feed Rate (t/h)	C4 Concentrate Rate (t/h)	C5 Feed Grade (%)	C6 Concentrate Grade (%)	C7 Tailings Grade (%)	C8 Recovery (%)	C9
22	22	September	19807.48	342.82	0.62	32.20	0.06	90.08	
23	23	September	20191.16	430.65	0.74	31.94	0.06	91.66	
24	24	September	19615.64	386.04	0.70	30.56	0.10	86.04	
25	25	September	18867.46	389.19	0.66	29.77	0.05	92.61	
26	26	September	19500.54	387.62	0.63	29.94	0.04	94.29	
27	27	September	16833.96	372.27	0.71	30.02	0.05	93.48	
28	28	September	16770.12	347.09	0.71	31.36	0.06	91.13	
29	29	September	19613.33	359.45	0.61	30.00	0.07	89.49	
30	30	September	15735.07	331.24	0.74	31.56	0.08	89.50	
31	1	October	20006.41	453.71	0.69	26.30	0.10	86.49	
32	2	October	19757.90	436.91	0.70	28.76	0.07	90.22	
33	3	October	20721.70	448.13	0.67	28.49	0.05	92.22	
34	4	October	21259.47	462.87	0.70	29.24	0.07	90.78	
35	5	October	18626.53	392.24	0.66	28.74	0.06	91.15	
36	6	October	20392.28	401.64	0.64	29.27	0.07	89.87	
37	7	October	20426.50	366.42	0.61	30.04	0.07	88.05	
38	8	October	19477.24	481.41	0.78	29.13	0.06	92.82	
39	9	October	19161.05	463.70	0.77	28.83	0.08	90.12	
40	10	October	19622.76	469.88	0.67	25.87	0.06	91.82	
41	11	October	18830.05	421.25	0.64	25.50	0.07	88.93	
42	12	October	18496.14	429.92	0.62	24.68	0.05	92.55	
43	13	October	15042.95	340.60	0.64	26.72	0.04	94.40	
44	14	October	12625.81	301.93	0.84	33.21	0.05	94.64	
45	15	October	17376.11	396.38	0.82	33.61	0.06	93.03	
46	16	October	17789.60	322.10	0.66	32.87	0.06	90.34	
47	17	October	17260.72	365.56	0.73	30.08	0.09	87.85	

Em seguida, abra a janela de análise I-MR utilizando o caminho abaixo:

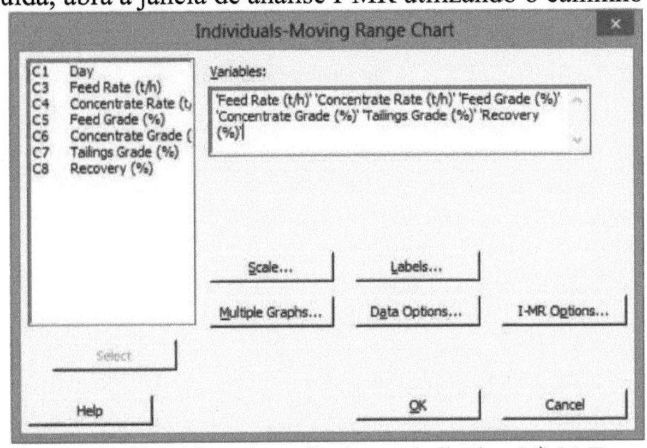

Stat → Gráficos de controlo → Gráficos de variáveis para indivíduos → I-MR

Selecionar todas as colunas de dados metalúrgicos:

Para definir o eixo x como sequência temporal, entre na janela Escala clicando no respetivo botão; em seguida, active o marcador Carimbo para Escala X, seleccione a coluna Dia e clique em OK:

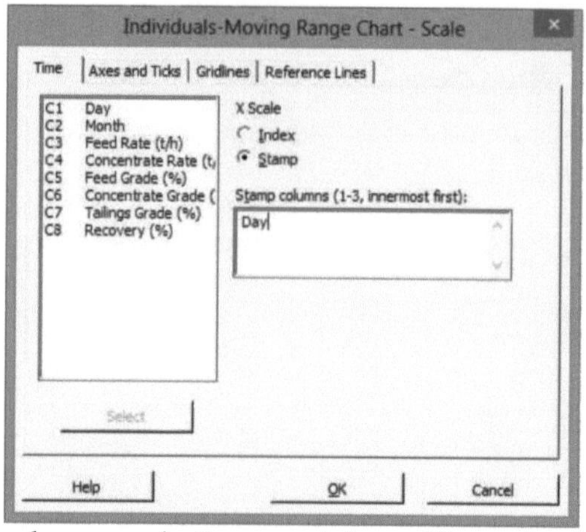

Para traçar ambas as variações num único gráfico, seleccione o botão I-MR Options... (Opções I-MR...). No menu Fases, seleccione a coluna Mês como fase da variação e, em seguida, clique em OK:

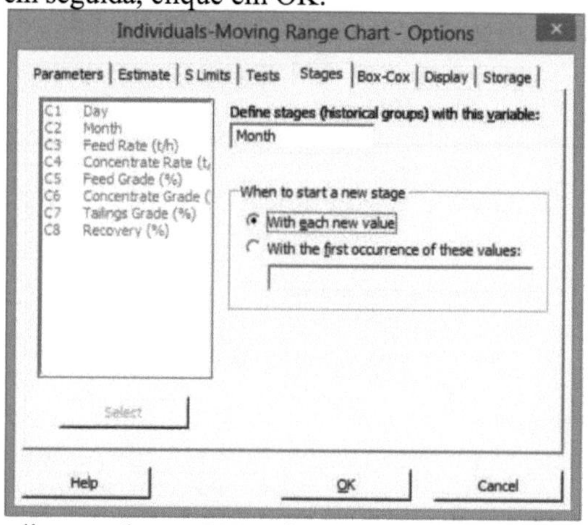

Finalmente, clique no botão OK na janela principal para ver os gráficos I e MR para todos os parâmetros metalúrgicos:

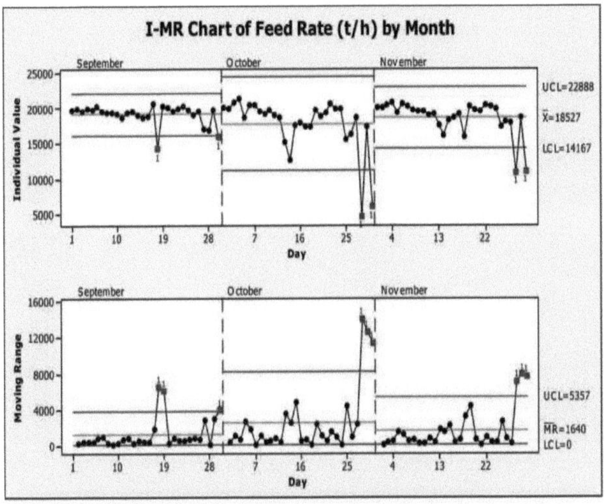
I-MR Chart of Feed Rate (t/h) by Month
September
October
November
Individual Value
UCL=22888
X̿=18527
LCL=14167
Day
Moving Range
UCL=5357
MR̄=1640
LCL=0

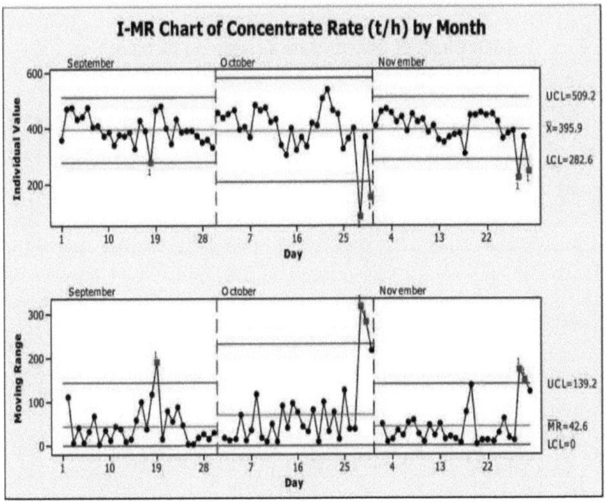
I-MR Chart of Concentrate Rate (t/h) by Month
September
October
November
Individual Value
UCL=509.2
X̿=395.9
LCL=282.6
Day
Moving Range
UCL=139.2
MR̄=42.6
LCL=0

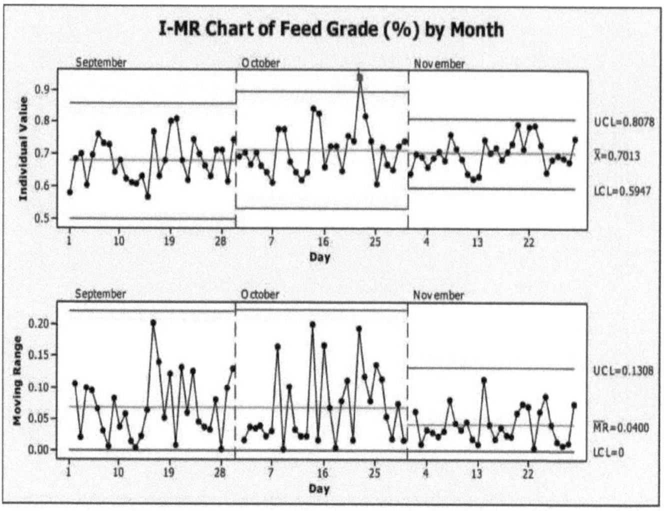
I-MR Chart of Feed Grade (%) by Month
September
October
November
Individual Value
UCL=0.8078
X̄=0.7013
LCL=0.5947
Day
Moving Range
UCL=0.1308
MR̄=0.0400
LCL=0
Day

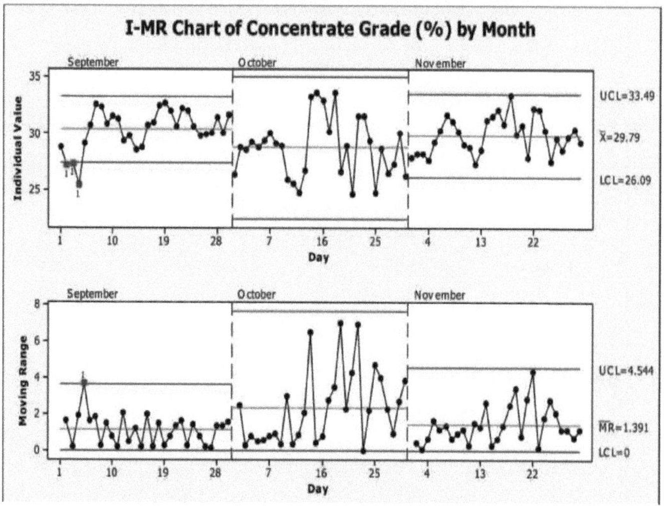
I-MR Chart of Concentrate Grade (%) by Month
September
October
November
Individual Value
UCL=33.49
X̄=29.79
LCL=26.09
Day
Moving Range
UCL=4.544
MR̄=1.391
LCL=0
Day

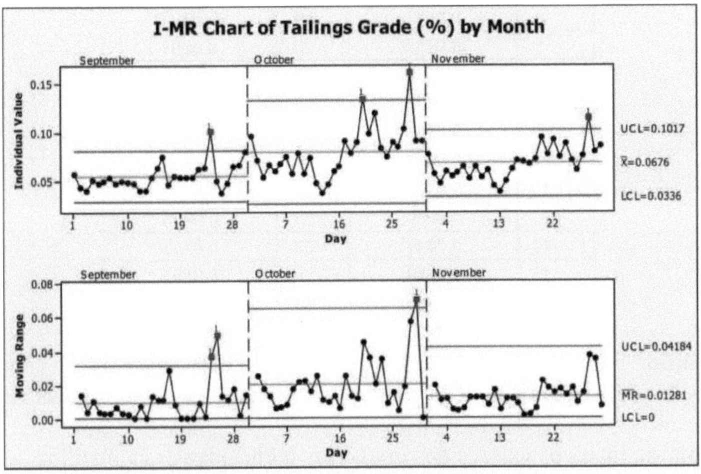

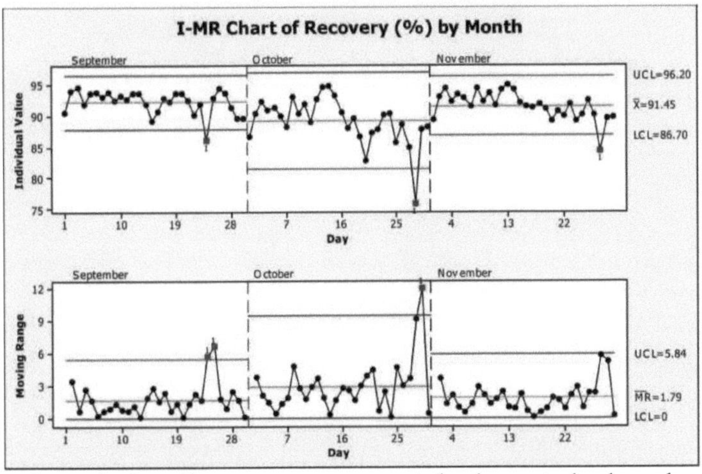

Agora, é possível analisar e comparar o estado de controlo de cada parâmetro metalúrgico durante diferentes períodos de tempo.

3.8. Exemplo 6: Monitorização do desempenho da flotação inversa numa instalação de tratamento de hematite

Um engenheiro de processos de uma fábrica de processamento de minério de ferro executou um programa experimental de 30 dias para investigar o efeito de um novo coletor na remoção de fósforo do concentrado de hematite por flotação inversa. Sugere que a fábrica adquira o novo coletor?

Dia	Fósforo (%)	Dia	Fósforo (%)
1	0.0430	16	0.0354
2	0.0946	17	0.0593
3	0.0277	18	0.0296

4	0.0631	19	0.0497
5	0.0153	20	0.0803
6	0.0172	21	0.0860
7	0.0038	22	0.0315
8	0.0440	23	0.0277
9	0.0191	24	0.0478
10	0.0325	25	0.0574
11	0.0029	26	0.0076
12	0.0449	27	0.0363
13	0.0488	28	0.0593
14	0.0382	29	0.0296
15	0.0076	30	0.0593

Solução:

Vamos resolver o problema usando o software Minitab. Para isso, siga as instruções abaixo:

Primeiro, insira os valores dos graus Day e Phosphorus na planilha de dados do Minitab:

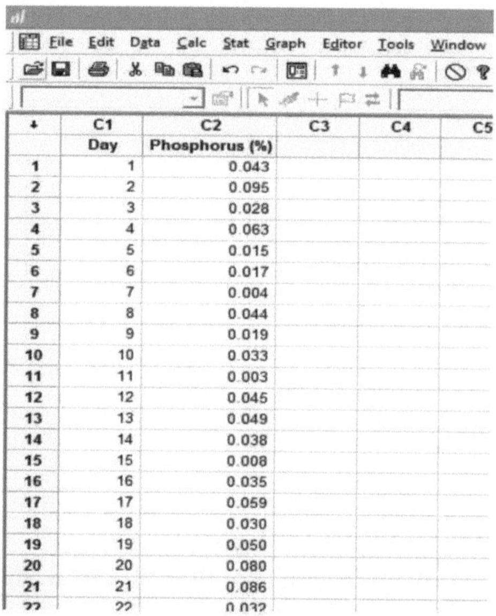

Em seguida, abra a janela de análise I-MR utilizando o caminho abaixo:

Stat → Gráficos de controlo → Gráficos de variáveis para indivíduos → I-MR

Selecionar a coluna de dados do grau de fósforo:

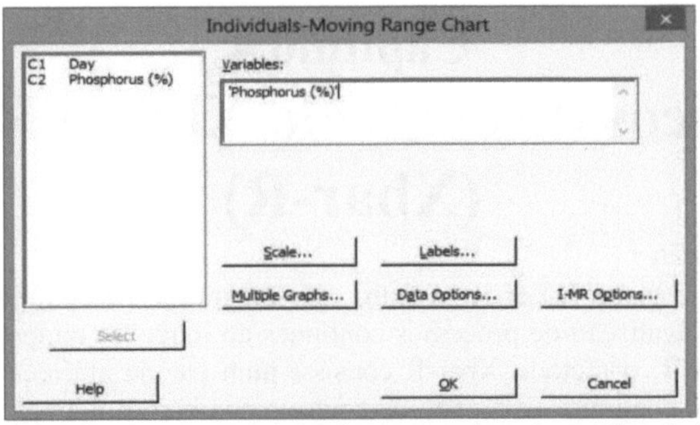

Para definir o eixo x como sequência temporal, entre na janela Escala clicando no respetivo botão; em seguida, active o marcador Carimbo para Escala X, seleccione a coluna Dia e clique em OK:

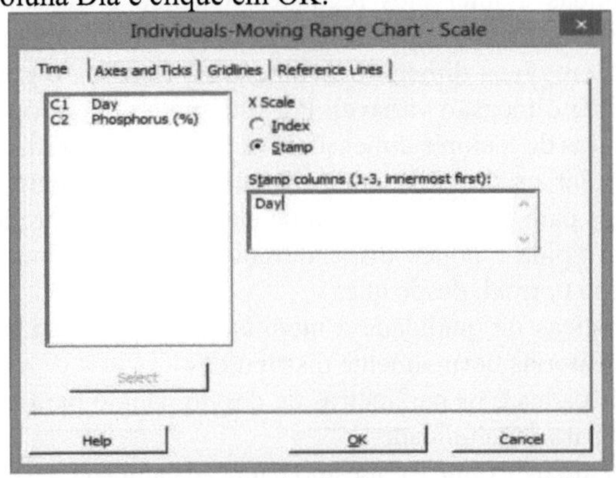

Por fim, clique no botão OK na janela principal para ver os gráficos:

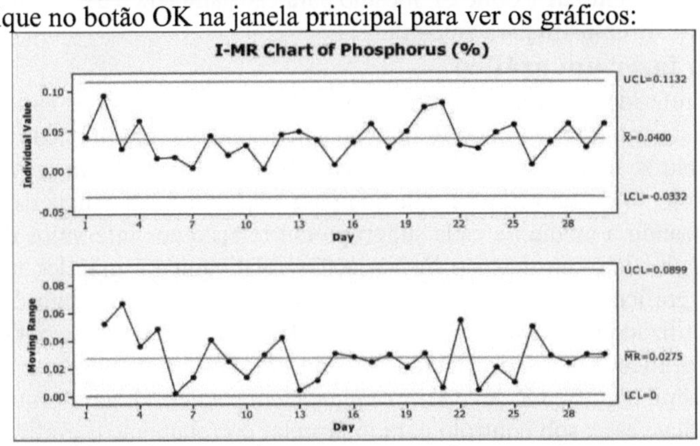

Partindo do princípio que todos os outros parâmetros são constantes e que não existe qualquer efeito de interação entre eles, uma vez que ambos os gráficos estão sob controlo, pode recomendar-se a utilização do novo coletor.

Capítulo 4
Gráficos de controlo Xbar e Range (Xbar-R)

4.1. Introdução

O gráfico Xbar e gama (Xbar-R) é outro tipo de gráfico de controlo normalmente utilizado para a avaliação de processos contínuos ao longo do tempo. À semelhança dos gráficos I-MR, o método Xbar-R consiste num par de gráficos que devem ser interpretados em conjunto. Esta carta de controlo combinada é amplamente utilizada para monitorizar a estabilidade dos processos em muitas indústrias. A carta I-MR é útil para a indicação do nível de controlo dos dados de medição em subgrupos de duas a 10 amostras recolhidas a intervalos regulares. Quando o tamanho do subgrupo é superior a 10, deve ser utilizado o gráfico Xbar e desvio padrão (Xbar-S). Ao contrário do método Xbar-R, em que a dimensão da amostra é variável, o gráfico Xbar-S pode lidar com amostras de dimensão variável. Por este motivo, o gráfico Xbar-S pode ser utilizado para amostras de maiores dimensões. Além disso, os gráficos S utilizam todos os dados para calcular os desvios-padrão do processo do subgrupo. Os gráficos S podem ser utilizados para processos com uma elevada taxa de produção ou quando a recolha de dados é rápida e pouco dispendiosa. Os gráficos Xbar-R e Xbar-S usam regras de distribuição normal, desde que:

As características de qualidade a monitorizar são adequadamente modeladas por variáveis aleatórias normalmente distribuídas.

A média dos dados e os parâmetros de desvio padrão para a variável aleatória são os mesmos para cada unidade.

O procedimento de exame é o mesmo para cada amostra e é efectuado de forma consistente de amostra para amostra.

4.2. Como fazer um gráfico

Como já foi referido, a carta de controlo Xbar-R é na realidade duas cartas utilizadas em conjunto: a carta Xbar e a carta R, que são apresentadas e interpretadas em conjunto para determinar se o processo é estável e está sob controlo ou se é imprevisível e está fora de controlo. O gráfico Xbar é utilizado para avaliar a consistência das médias do processo, traçando a média de cada subgrupo em relação aos intervalos de tempo de amostragem. É eficaz na deteção de variações relativamente grandes na média do processo. O gráfico R traça os intervalos de cada subgrupo ao longo do tempo. O gráfico R é utilizado para avaliar a estabilidade da variação do processo. Os limites de controlo do gráfico Xbar são calculados tendo em conta a dispersão e o centro do processo. Assim, o gráfico R deve ser examinado em primeiro lugar porque a variação do processo deve estar sob controlo para interpretar corretamente o gráfico Xbar; se o gráfico R estiver fora de controlo, os limites de controlo do gráfico Xbar são imprecisos ou sem sentido e podem indicar falsamente uma condição fora de controlo ou não a detetar.

As fórmulas necessárias para calcular os limites de controlo e traçar a carta Xbar-R são as seguintes para o gráfico Xbar:

$$CL_{\bar{X}} = \bar{\bar{X}}$$

$$LCL_{\bar{X}} = \bar{\bar{X}} - 3\frac{\bar{R}}{d_2}$$

$$UCL_{\bar{X}} = \bar{\bar{X}} + 3\frac{\bar{R}}{d_2}$$

e para o gráfico R:

$$CL_R = \bar{R}$$

$$LCL_{MR} = D_3\bar{R}$$

$$UCL_{MR} = D_4\bar{R}$$

As fórmulas acima podem ser reformuladas da seguinte forma: para o gráfico Xbar:

$$CL_{\bar{X}} = \bar{\bar{X}}$$

$$LCL_{\bar{X}} = \bar{\bar{X}} - A_2\bar{R}$$

$$UCL_{\bar{X}} = \bar{\bar{X}} + A_2\bar{R}$$

e para o gráfico R:

$$CL_R = \bar{R}$$

$$LCL_{MR} = D_3\bar{R}$$

$$UCL_{MR} = D_4\bar{R}$$

As fórmulas necessárias para calcular os limites de controlo e traçar a carta Xbar-S são as seguintes

para o gráfico Xbar:

$$CL_{\bar{X}} = \bar{\bar{X}}$$

$$LCL_{\bar{X}} = \bar{\bar{X}} - A_3\bar{R}$$

$$UCL_{\bar{X}} = \bar{\bar{X}} + A_3\bar{R}$$

e para o gráfico S:

$$CL_R = \bar{S}$$

$$LCL_{MR} = B_3\bar{S}$$

$$UCL_{MR} = B_4\bar{S}$$

As constantes d2, D3, D4, A2, A3, *B3* e B4 *podem* ser encontradas no quadro normalizado 4.1.

Para interpretar tanto o gráfico Xbar-R como o gráfico Xbar-S, considere que os pontos fora dos limites de controlo, quer o limite superior de controlo quer o limite inferior de controlo, são sinais que indicam que o processo não está a funcionar de forma tão consistente quanto desejável devido a algumas causas especiais. Da mesma forma, a existência de pontos num dos lados da linha média também deve ser interpretada como um sinal de alguma alteração no processo. Quando tais sinais existem, devem ser tomadas medidas para os identificar e eliminar. Caso contrário, o processo é estável e está sob controlo e não são necessárias ou desejáveis alterações às variáveis de controlo do processo. Os gráficos Xbar-S são raramente utilizados em aplicações de processamento mineral e, portanto, não são objeto deste livro.

Tabela 4.1. Constantes para o cálculo dos limites de controlo para as cartas Xbar-R e Xbar-S

Observações na amostra, *n*	**Divisores para Estimar *a*, d_2**	**Factores para o gráfico de médias**		**Factores de alcance — Gráfico**		**Factores para o gráfico de desvio-padrão**	
		LCL, A_2	**UCL, A_3**	**LCL, D_3**	**UCL, D_4**	**LCL, B_3**	**UCL, B_4**
2	1.128	1.880	2.659	0	3.267	0	3.267
3	1.693	1.023	1.954	0	2.574	0	2.568
4	2.059	0.729	1.628	0	2.282	0	2.266
5	2.326	0.577	1.427	0	2.114	0	2.089
6	2.534	0.483	1.287	0	2.004	0.030	1.970
7	2.704	0.419	1.182	0.76	1.924	0.118	1.882
8	2.847	0.373	1.099	0.136	1.864	0.185	1.815
9	2.970	0.337	1.032	0.184	1.816	0.239	1.761
10	3.078	0.308	0.975	0.223	1.777	0.284	1.716

11	3.173	0.285	0.927	0.256	1.744	0.321	1.679
12	3.258	0.266	0.886	0.283	1.717	0.354	1.646
13	3.336	0.249	0.850	0.307	1.693	0.382	1.618
14	3.407	0.235	0.817	0.328	1.672	0.406	1.594
15	3.472	0.223	0.789	0.347	1.653	0.428	1.572
16	3.532	0.212	0.763	0.363	1.637	0.448	1.552
17	3.588	0.203	0.739	0.378	1.622	0.466	1.534
18	3.640	0.194	0.718	0.391	1.609	0.482	1.518
19	3.689	0.187	0.698	0.404	1.596	0.497	1.503
20	3.735	0.180	0.680	0.415	1.585	0.510	1.490
21	3.778	0.173	0.663	0.425	1.575	0.523	1.477
22	3.819	0.167	0.647	0.435	1.565	0.534	1.466
23	3.858	0.162	0.633	0.443	1.557	0.545	1.455
24	3.895	0.157	0.619	0.452	1.548	0.555	1.445

25	3.931	0.153	0.606	0.459	1.541	0.565	1.435
Mais de 25 anos			3/V(*n* - *0,5)*			1-3/V(*2n- 2.5)*	1+3/V(*2n- 2.5)*

4.3. Exemplo 1: Monitorização da recuperação de cobre de um banco de flotação desbastador

Os valores de recuperação de cobre calculados a partir de amostras retiradas de um banco de flotação rougher numa fábrica de processamento de minério de cobre são apresentados na tabela seguinte. Os valores de recuperação referem-se a amostras recolhidas em três turnos de trabalho por dia durante cerca de uma semana em fevereiro de 2017. Indicar se o processo de flotação esteve sob controlo ou não.

Data de amostragem		19 de fevereiro	20 de fevereiro	21 de fevereiro	22 de fevereiro	23 de fevereiro	24 de fevereiro	25 de fevereiro	26 de fevereiro
Cu	**Turno 1**	79.93	81.03	82.54	78.68	80.68	81.29	80.80	82.68
Recuperação	**Turno 2**	82.01	80.29	82.03	83.22	80.31	81.38	81.61	78.66
em	**Turno 3**	79.50	81.97	76.51	80.31	80.53	74.92	77.40	76.63

Solução manual:

Uma vez que o valor-alvo de recuperação não é determinado e que são recolhidas três amostras em cada dia de amostragem, o gráfico Xbar-R seria o método adequado para determinar o estado de controlo do processo de flotação. A partir da tabela 4.1, as constantes necessárias para o cálculo do limite com três amostras são $A2$ = 1,023, $D4$ = 2,574 e $D3$ = 0. A tabela abaixo mostra os valores médios e de intervalo para os dados de medição:

Data de amostragem		19 de fevereiro	20 de fevereiro	21 de fevereiro	22 de fevereiro	23 de fevereiro	24 de fevereiro	25 de fevereiro	26 de fevereiro
Cu	**Turno 1**	79.93	81.03	82.54	78.68	80.68	81.29	80.80	82.68
Recuperação	**Turno 2**	82.01	80.29	82.03	83.22	80.31	81.38	81.61	78.66
(%) em	**Turno 3**	79.50	81.97	76.51	80.31	80.53	74.92	77.40	76.63
Média de recuperação		80.48	81.10	80.36	80.74	80.54	79.20	79.94	79.32

Intervalo de recuperação	2.51	1.69	6.03	4.54	0.38	6.46	4.21	6.06

Note-se que o valor do intervalo para cada dia é a diferença entre os valores de recuperação máximo e mínimo dos turnos de cada dia. O valor do intervalo do primeiro dia, ou seja, 19 de fevereiro, não deve ser considerado no cálculo do intervalo médio de todos os dados. Assim, a média das médias de recuperação e dos intervalos são 80,21% e 4,19%, respetivamente. Utilizando as fórmulas relacionadas com o Xbar-R, a linha central e os limites de controlo podem ser calculados da seguinte forma

para o gráfico Xbar:

$$CL_{\bar{X}} = 80.21$$

$$LCL_{\bar{X}} = 80.21 - (1.023 \times 4.19) = 75.92$$

$$UCL_{\bar{X}} = 80.21 + (1.023 \times 4.19) = 84.50$$

e para o gráfico R:

$$CL_{R} = 4.19$$

$$LCL_{MR} = 0$$

$$UCL_{MR} = 2.574 \times 4.19 = 10.79$$

Por conseguinte, as cartas de controlo podem ser representadas da seguinte forma

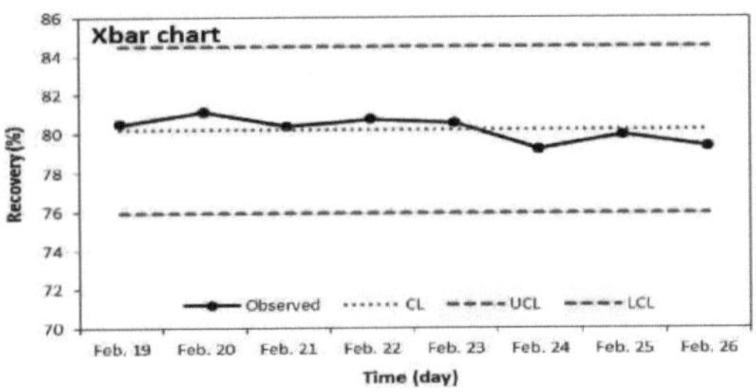

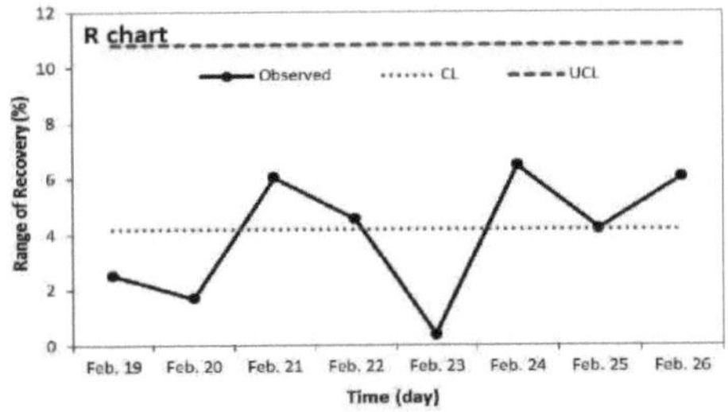

Como se pode ver nos gráficos, o processo está sob controlo e é estável; no entanto, uma mudança invulgar, mas previsível, pode ser observada em 23 de fevereiro. Assim, o engenheiro deve verificar o histórico do processo para encontrar as causas especiais que resultaram nesta tendência invulgar.

Solução de software:

Vamos resolver o problema usando o software Minitab. Para isso, siga as instruções abaixo:

Primeiro, introduza os valores de recuperação Date e Cu na folha de dados do Minitab:

Em seguida, abra a janela de análise Xbar-R utilizando o caminho abaixo:

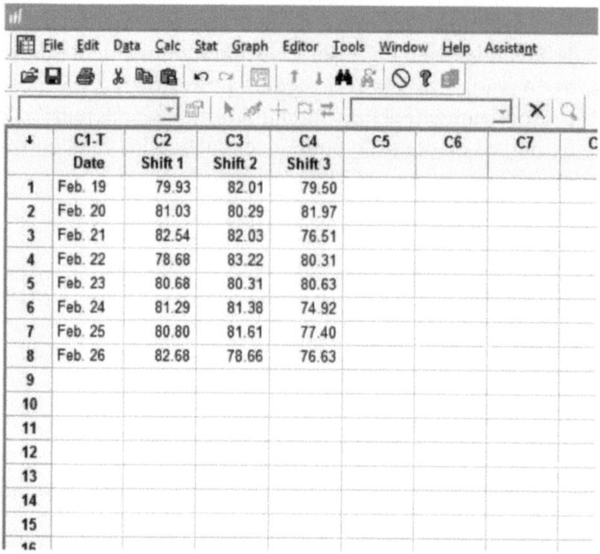

Stat → Gráficos de controlo → Gráficos de variáveis para subgrupos → Xbar-R

Na janela principal, abra o separador e seleccione "As observações de um subgrupo estão numa linha de colunas" em vez de "Todas as observações de um gráfico estão numa coluna":

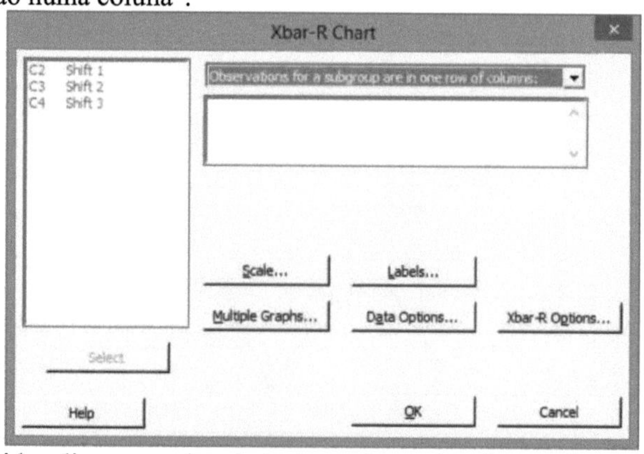

Em seguida, clique na caixa de texto vazia e seleccione todas as colunas de dados do turno:

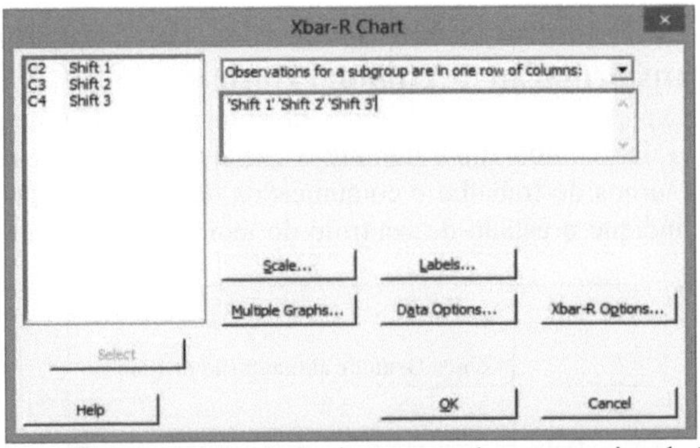

Para definir o eixo x como sequência temporal, entre na janela Escala clicando no respetivo botão; em seguida, active o marcador Carimbo para Escala X, seleccione a coluna Data e clique em OK:

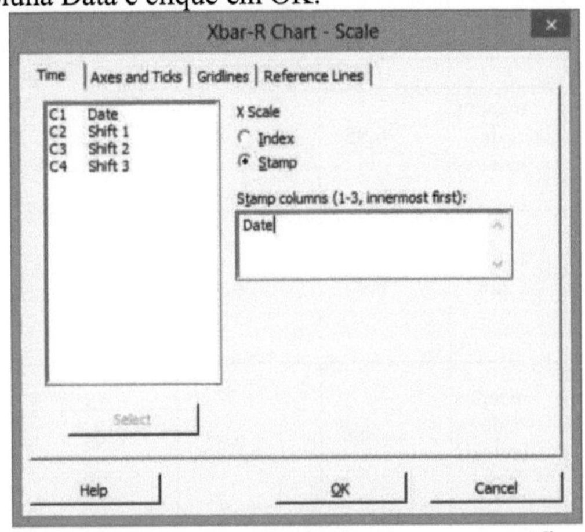

Por fim, clique no botão OK na janela principal para ver os gráficos:

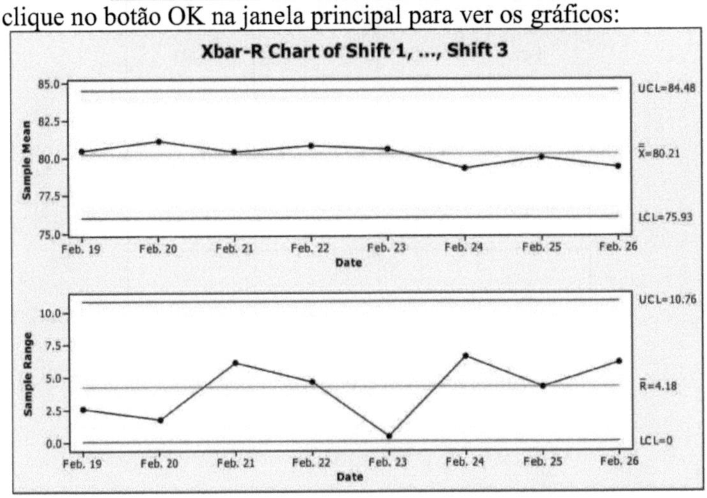

4.4. Exemplo 2: Monitorização do teor de zinco da alimentação da unidade de transformação de chumbo/zinco

A tabela seguinte apresenta o ensaio de zinco na alimentação de uma pequena fábrica de processamento de chumbo/zinco durante o ano de 2016. Os ensaios são valores medidos em três turnos de trabalho e comunicados de duas em duas semanas. Com base no quadro, indique o estado de controlo do teor de zinco da alimentação desta fábrica.

Data	Zinco Grau de alimentação medido em		
	Turno 1	**Turno 2**	**Turno 3**
meados de janeiro.	6.95	6.88	7.02
Jan.	6.99	6.92	7.06
meados de fevereiro.	6.92	6.85	6.99
Fev.	6.92	6.85	6.99
meados de março.	6.94	7.01	7.01
Mar.	6.54	6.61	6.61

médio	6.03	6.09	6.09
abril. abril.	7.00	6.89	7.03
meados de maio	6.96	6.90	7.04
maio	6.97	6.84	6.98
meados de junho.	6.91	6.91	7.05
Jun.	6.98	6.91	6.93
meados de julho.	7.00	6.93	6.87
Jul.	6.94	6.87	6.88
meados de agosto.	6.95	6.88	7.02
Ago.	6.94	6.87	7.01

meados de setembro.	6.97	6.90	7.04
Set.	7.00	7.07	7.07
meados de outubro.	7.01	7.01	7.08
Out.	6.96	7.02	6.94
meados de novembro.	6.97	7.01	6.89
Nov.	6.97	7.04	6.90
meados de dezembro.	7.02	7.09	7.04
Dez.	6.96	6.89	7.04

Solução:

Vamos resolver o problema usando o software Minitab. Para isso, siga as instruções abaixo:

Primeiro, introduza os valores de Date e do grau de zinco na folha de dados do Minitab:

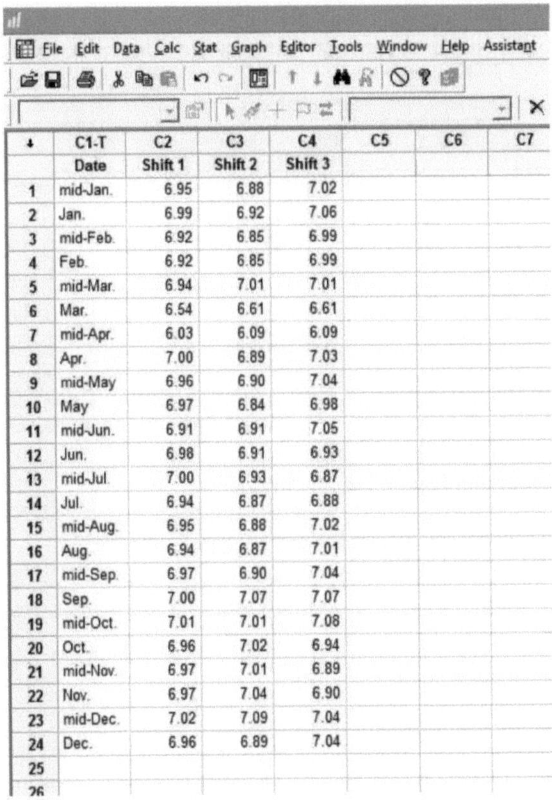

↓	C1-T	C2	C3	C4	C5	C6	C7
	Date	Shift 1	Shift 2	Shift 3			
1	mid-Jan.	6.95	6.88	7.02			
2	Jan.	6.99	6.92	7.06			
3	mid-Feb.	6.92	6.85	6.99			
4	Feb.	6.92	6.85	6.99			
5	mid-Mar.	6.94	7.01	7.01			
6	Mar.	6.54	6.61	6.61			
7	mid-Apr.	6.03	6.09	6.09			
8	Apr.	7.00	6.89	7.03			
9	mid-May	6.96	6.90	7.04			
10	May	6.97	6.84	6.98			
11	mid-Jun.	6.91	6.91	7.05			
12	Jun.	6.98	6.91	6.93			
13	mid-Jul.	7.00	6.93	6.87			
14	Jul.	6.94	6.87	6.88			
15	mid-Aug.	6.95	6.88	7.02			
16	Aug.	6.94	6.87	7.01			
17	mid-Sep.	6.97	6.90	7.04			
18	Sep.	7.00	7.07	7.07			
19	mid-Oct.	7.01	7.01	7.08			
20	Oct.	6.96	7.02	6.94			
21	mid-Nov.	6.97	7.01	6.89			
22	Nov.	6.97	7.04	6.90			
23	mid-Dec.	7.02	7.09	7.04			
24	Dec.	6.96	6.89	7.04			
25							

Em seguida, abra a janela de análise Xbar-R utilizando o caminho abaixo:

Stat → Gráficos de controlo → Gráficos de variáveis para subgrupos → Xbar-R

Na janela principal, abra o separador e seleccione "As observações de um subgrupo estão numa linha de colunas" em vez de "Todas as observações de um gráfico estão numa coluna":

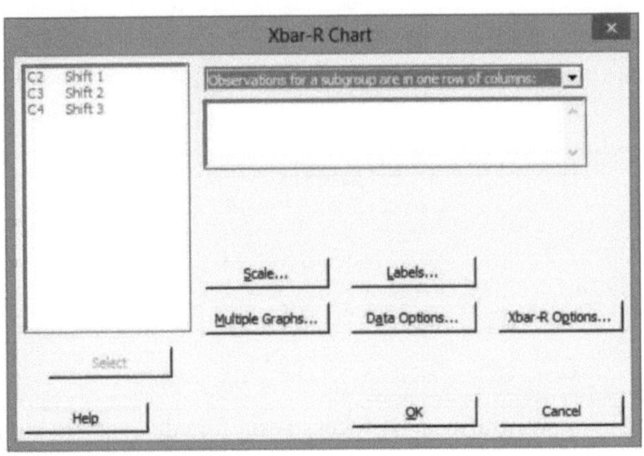

Em seguida, clique na caixa de texto vazia e seleccione todas as colunas de dados do turno:

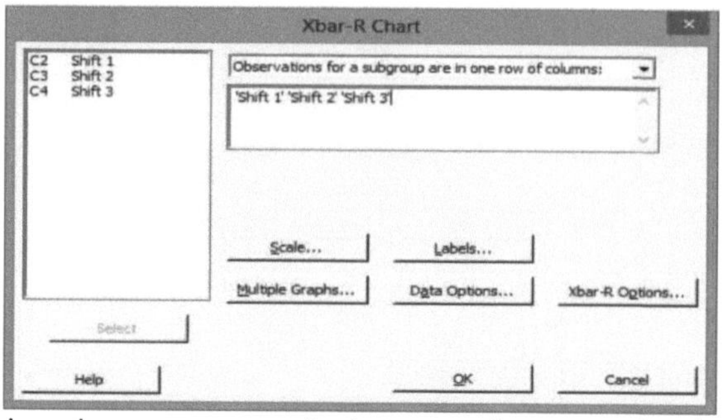

Para definir o eixo x como sequência temporal, entre na janela Escala clicando no respetivo botão; em seguida, active o marcador Carimbo para Escala X, seleccione a coluna Data e clique em OK:

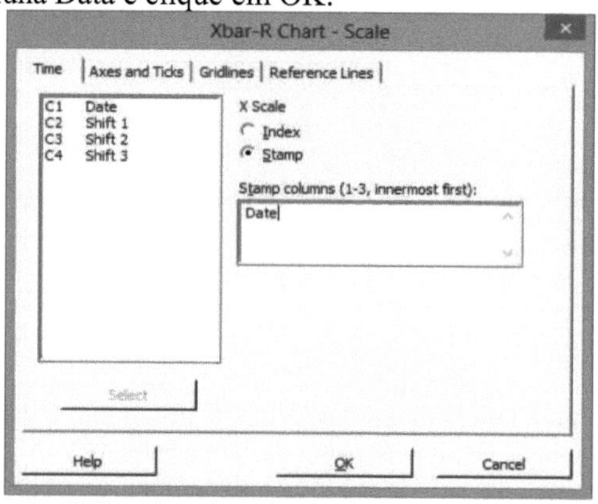

Por fim, clique no botão OK na janela principal para ver os gráficos:

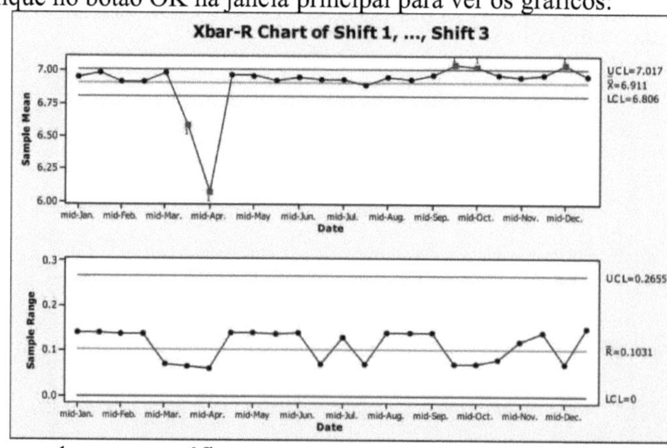

Como se pode ver nos gráficos, o processo está fora de controlo em algumas datas.

O engenheiro de processo sabe que, entre março e abril, a alimentação da fábrica era uma mistura de sulfureto e óxido, mas as razões de instabilidade para outros pontos devem ser detectadas.

4.5. Exemplo 3: Monitorização do teor de cinzas de um concentrado do circuito de flotação de carvão

Um engenheiro de processos de uma fábrica de lavagem de carvão decidiu realizar um programa de testes operacionais para avaliar o efeito de um novo espumante no desempenho de flotação do circuito de flotação da fábrica. Substituiu o espumante convencional pelo novo e monitorizou o teor final de cinzas do concentrado de flotação durante um mês. As amostras foram cuidadosamente recolhidas em cada turno de trabalho (dois turnos por dia) e cada amostra foi analisada duas vezes. Os resultados são apresentados no quadro seguinte. Indicar o estado de controlo do processo na presença do novo espumante durante o programa de ensaios.

Dia	Turno 1		Turno 2	
	Cinza 1 (%)	**Cinza 2 (%)**	**Cinza 3 (%)**	**Cinza 4 (%)**
20 de julho	10.11	9.91	10.05	10.16
21 jul.	10.21	10.01	10.15	10.26
22 de julho	9.74	9.55	9.68	9.79
23 jul.	10.07	9.87	10.01	10.12
24 jul.	10.27	10.07	10.21	10.32
25 jul.	10.20	10.00	10.14	10.25
26 jul.	10.30	10.10	10.24	10.35
27 de julho	10.25	10.05	10.19	10.30
28 jul.	10.08	9.88	10.02	10.13
29 de julho	10.10	9.90	10.04	10.15
30 jul.	9.79	9.60	9.73	9.84
31 de julho	10.29	10.09	10.23	10.34

1 de agosto	11.22	11.00	11.15	11.28
2 de agosto	10.40	10.20	10.34	10.46
3 de agosto	10.29	10.09	10.23	10.34
4 de agosto	9.86	9.67	9.80	9.91
5 de agosto	9.97	9.77	9.91	10.01
6 de agosto	10.11	9.91	10.05	10.16
7 de agosto	10.20	10.00	10.14	10.25
8 de agosto	10.71	10.50	10.65	10.76
9 de agosto	10.28	10.08	10.22	10.33
10 de agosto	10.86	10.65	10.80	10.92
11 de agosto	10.18	9.98	10.12	10.23
12 de agosto	9.96	9.76	9.90	10.00
13 de agosto	8.76	8.59	8.71	8.80
14 de agosto	9.63	9.44	9.57	9.68
15 de agosto	10.41	10.21	10.35	10.47
16 de agosto	10.28	10.08	10.22	10.33
17 de agosto	10.72	10.51	10.66	10.77
18 de agosto	10.08	9.88	10.02	10.13
19 de agosto	9.79	9.60	9.73	9.84

Solução:

Vamos resolver o problema usando o software Minitab. Para isso, siga as instruções abaixo:

Primeiro, insira os valores de Date e Ash na planilha de dados do Minitab:

Em seguida, abra a janela de análise Xbar-R utilizando o caminho abaixo:

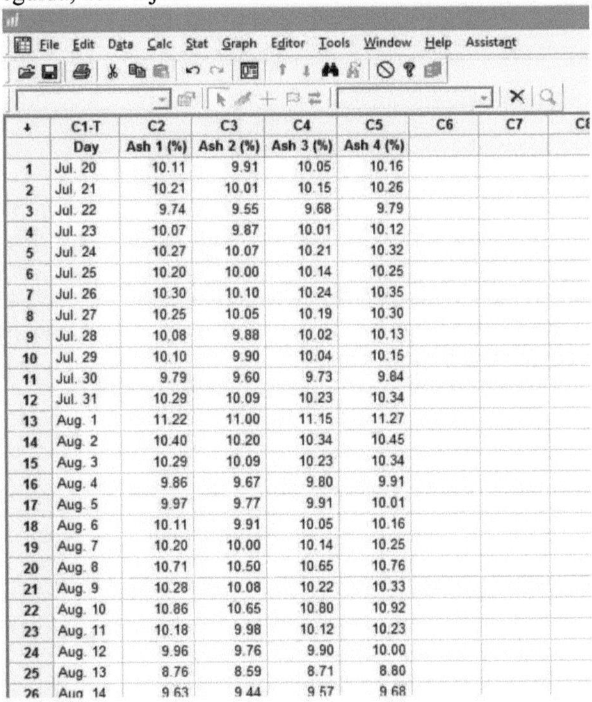

	C1-T Day	C2 Ash 1 (%)	C3 Ash 2 (%)	C4 Ash 3 (%)	C5 Ash 4 (%)	C6	C7
1	Jul. 20	10.11	9.91	10.05	10.16		
2	Jul. 21	10.21	10.01	10.15	10.26		
3	Jul. 22	9.74	9.55	9.68	9.79		
4	Jul. 23	10.07	9.87	10.01	10.12		
5	Jul. 24	10.27	10.07	10.21	10.32		
6	Jul. 25	10.20	10.00	10.14	10.25		
7	Jul. 26	10.30	10.10	10.24	10.35		
8	Jul. 27	10.25	10.05	10.19	10.30		
9	Jul. 28	10.08	9.88	10.02	10.13		
10	Jul. 29	10.10	9.90	10.04	10.15		
11	Jul. 30	9.79	9.60	9.73	9.84		
12	Jul. 31	10.29	10.09	10.23	10.34		
13	Aug. 1	11.22	11.00	11.15	11.27		
14	Aug. 2	10.40	10.20	10.34	10.45		
15	Aug. 3	10.29	10.09	10.23	10.34		
16	Aug. 4	9.86	9.67	9.80	9.91		
17	Aug. 5	9.97	9.77	9.91	10.01		
18	Aug. 6	10.11	9.91	10.05	10.16		
19	Aug. 7	10.20	10.00	10.14	10.25		
20	Aug. 8	10.71	10.50	10.65	10.76		
21	Aug. 9	10.28	10.08	10.22	10.33		
22	Aug. 10	10.86	10.65	10.80	10.92		
23	Aug. 11	10.18	9.98	10.12	10.23		
24	Aug. 12	9.96	9.76	9.90	10.00		
25	Aug. 13	8.76	8.59	8.71	8.80		
26	Aug. 14	9.63	9.44	9.57	9.68		

Stat → Gráficos de controlo → Gráficos de variáveis para subgrupos Xbar-R →

Na janela principal, abra o separador e seleccione "As observações de um subgrupo estão numa linha de colunas" em vez de "Todas as observações de um gráfico estão numa coluna":

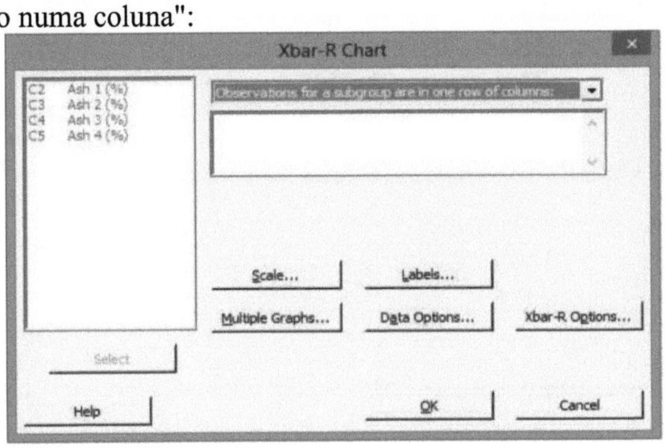

Em seguida, clique na caixa de texto vazia e seleccione todas as colunas de dados do Ash:

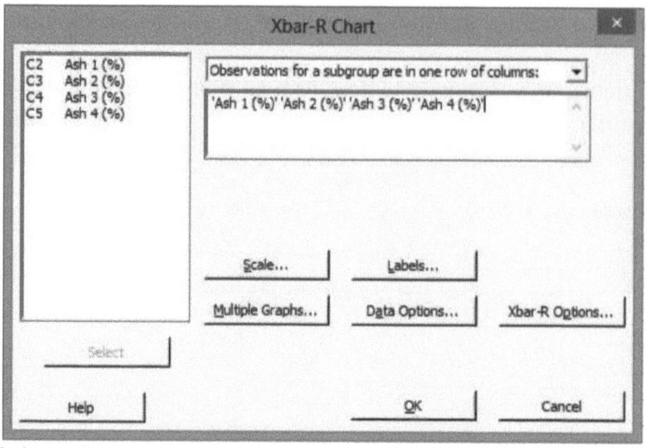

Para definir o eixo x como sequência temporal, entre na janela Escala clicando no respetivo botão; em seguida, active o marcador Carimbo para Escala X, seleccione a coluna Dia e clique em OK:

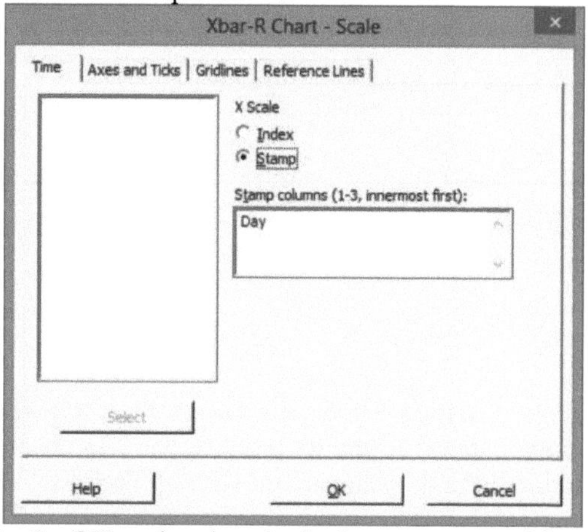

Por fim, clique no botão OK na janela principal para ver os gráficos:

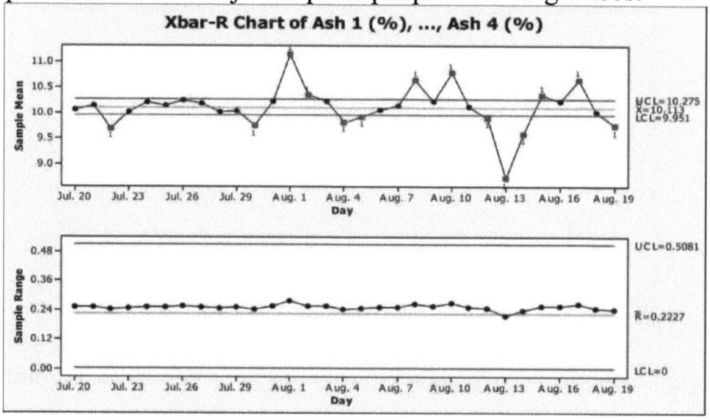

Como se pode ver nos gráficos, existem muitos pontos de instabilidade nos dados do processo. O engenheiro deve encontrar as causas especiais que resultaram em tais instabilidades. Uma das principais razões para estes muitos pontos de instabilidade no gráfico Xbar pode ser o facto de os gráficos Xbar-R serem úteis para grandes variações (mais de 1,5 *o*). O desvio padrão e a média dos valores de cinza são 0,425 e 10,11, respetivamente. Por conseguinte, as variações mais fiáveis que podem ser avaliadas pelo gráfico Xbar-R situam-se entre 10,11 ± 0,636, ou seja, 9,477 e 10,748. Os limites superior e inferior de controlo dos valores de cinza para a carta Xbar são ainda mais baixos do que 10,11 ± a, ou seja, 9,689 e 10,537. Assim, recomenda-se vivamente aos engenheiros que utilizem outro tipo de carta de controlo que seja adequado para monitorizar pequenas variações, como a carta CUSUM.

Capítulo 5
Gráficos de controlo de somas acumuladas (CUSUM)

5.1. Introdução

No controlo estatístico da qualidade, a carta de controlo da soma cumulativa ou carta CUSUM é uma técnica de análise sequencial utilizada para monitorizar pequenas variações do processo. Embora a carta CUSUM não seja tão intuitiva e simples de utilizar como as cartas de Shewhart, é mais eficaz na deteção de pequenas variações na média de um processo. Esta vantagem deve-se à natureza cumulativa da CUSUM, de tal modo que mesmo pequenas variações na média do processo conduzem a valores de desvio cumulativo cada vez maiores ou menores. A carta de controlo CUSUM segue os desvios dos resultados de amostras individuais ou das médias de subgrupos em relação a um valor-alvo. O valor alvo pode ser o objetivo nominal ou prático do processo, as expectativas do cliente, etc. Quando os dados estão em subgrupos, é calculada a média de todas as observações em cada subgrupo e as medidas estatísticas são então calculadas a partir dessas médias. Caso contrário, se as observações individuais tiverem de ser monitorizadas, as medidas estatísticas serão calculadas a partir das observações individuais.

Como o seu nome indica, a CUSUM envolve o cálculo de uma soma cumulativa (S) de n amostras (x_i) de um processo que são ponderadas como w_i; assim:

$$S_0 = 0$$

$$S_{i+1} = \max(0, S_i + x_i - w_i)$$

Quando o valor de S ultrapassa um determinado limiar, existe uma variação invulgar no processo. A fórmula acima referida apenas detecta alterações no sentido positivo. Quando é necessário avaliar também as variações negativas, deve ser utilizada a média dos dados em vez do valor máximo; assim, quando o valor de S é inferior ao valor limiar negativo, o processo tem um problema.

O comprimento médio de execução (ARL), o número esperado de artigos amostrados antes de serem tomadas medidas, pode ser utilizado para avaliar o desempenho da CUSUM. Quando a qualidade do resultado é satisfatória, o ARL é uma medida da despesa incorrida pelo sistema quando dá falsos alarmes. Por outro lado, para uma má qualidade constante, o ARL mede o atraso e, por conseguinte, a quantidade de resíduos produzidos antes de ser tomada a ação de retificação. A este respeito, os gráficos CUSUM podem ser representados de duas formas: Tabular (ou algorítmica) ou com máscara em V. Com base nestes métodos de representação, são desenvolvidos dois tipos de gráficos CUSUM:

Gráfico CUSUM unilateral: Este tipo inclui uma CUSUM superior e uma CUSUM inferior, de modo a que a CUSUM superior detecte mudanças ascendentes no nível do processo e a CUSUM inferior detecte mudanças descendentes. A carta CUSUM unilateral utiliza limites de controlo (UCL e LCL) para determinar a ocorrência de uma situação fora de controlo. O comprimento médio de execução (ARL) neste gráfico é calculado da seguinte forma:

$$\text{ARL} = \frac{e^{-2\Delta b} + 2\Delta b - 1}{2\Delta^2}$$

em que $\Delta = \delta^* - k$ representa a CÚSULA unilateral superior (SHi), $\Delta = -\delta^* - k$ representa a CÚSULA unilateral inferior
CUSUM lateral (SLi), e
e

$$b = h + 1.166$$

$$\delta^* = \frac{(\mu_1 - \mu_0)}{\sigma}$$

Para $\Delta = 0$, utilizar $\text{ARL} = b^2$. A quantidade δ^* é a deslocação da média, nas unidades de dados
desvio-padrão (*o*), para o qual o ARL deve ser calculado. Os valores de CUSUM unilateral superior (SHi) e inferior (SLi) são calculados do seguinte modo

$$\text{SH}_i = \text{Max}\left(0, x_i - (T + k) + \text{SH}_{i-1}\right)$$

$$\text{SL}_i = \text{Max}\left(0, (T - k) - x_i + \text{SL}_{i-1}\right)$$

em que *T* é o valor alvo (ou médio) e *k* é normalmente designado por valor de referência (ou valor de tolerância) e é frequentemente escolhido a meio caminho entre o valor alvo e o valor fora de controlo da média que se pretende detetar rapidamente. Os valores iniciais das CUSUMs unilaterais são 0. Os limites de controlo (*H*) são geralmente considerados 4 ou 5 vezes o valor do desvio-padrão.

Gráfico CUSUM de dois lados: A carta CUSUM de dois lados utiliza uma abordagem de máscara em V, em vez de limites de controlo, para determinar quando ocorreu uma situação fora de controlo. Uma máscara em V é uma forma de sobreposição com a forma de um V de lado que é sobreposta ao gráfico das somas cumulativas. O ponto de origem da máscara em V é colocado em cima do último ponto da soma acumulada e os pontos anteriores são examinados para ver se algum se situa acima ou abaixo dos lados do V. Desde que todos os pontos anteriores se situem entre os lados do V, o processo está sob controlo.

Caso contrário, mesmo que um ponto esteja fora, o processo é suspeito de estar fora de controlo. A máscara V padroniza os desvios do valor alvo e plota os desvios deste valor. Neste método, o comprimento médio de execução (ARL) é calculado da seguinte forma:

$$\text{ARL} = \left(\frac{1}{\text{ARL}_H} + \frac{1}{\text{ARL}_L}\right)^{-1}$$

Na fórmula acima, o ARL é calculado após o cálculo dos valores ARL para os lados superior e inferior do gráfico. Além disso, os valores de amostra (x_i) são primeiramente padronizados (y_i) como abaixo:

$$y_i = \frac{x_i - T}{\sigma}$$

Em seguida, os valores CUSUM superior (S_{Hi}) e CUSUM inferior (S_{Li}) de dois lados são calculados do seguinte modo

$$\mathrm{SH}_i = \mathrm{Max}\left(0,\ y_i - k + \mathrm{SH}_{i-1}\right)$$

$$\mathrm{SL}_i = \mathrm{Max}\left(0,\ -y_i - k + \mathrm{SL}_{i-1}\right)$$

O comportamento da máscara em V é determinado pela distância *k*, que é a inclinação do braço inferior e a distância de subida *h*, que é a subida no braço correspondente à distância da origem ao vórtice. Estes são os parâmetros de conceção da máscara em V. Após a normalização dos valores da amostra, os valores de *h* e *k* assumem os mesmos valores para muitos gráficos CUSUM. Além disso, o método também pode ser utilizado para controlar a variabilidade do processo.

Embora as cartas CUSUM tenham sido bem investigadas e desenvolvidas, infelizmente não são bem aceites por muitos engenheiros de processos, embora possam existir razões razoáveis para aplicar esta ferramenta útil para monitorizar os seus processos. Possivelmente, este facto pode dever-se à falta de instruções bem definidas sobre o desenvolvimento e a interpretação das cartas CUSUM. Neste capítulo, será apresentada uma instrução passo a passo para construir e interpretar os gráficos CUSUM para investigações de processamento mineral utilizando diferentes exemplos práticos.

5.2. Como fazer um gráfico

O método da máscara em V é raramente usado em investigações de processamento mineral e, portanto, não é o assunto deste livro. Assim, esta secção trata de uma instrução simples para desenvolver os gráficos CUSUM tabulares. Antes de construir o gráfico CUSUM para um conjunto de dados, o engenheiro deve indicar os limites de interpretação, i.e.

o desvio em relação ao objetivo e à posição limite de ação. O desvio a ser detectado, que é frequentemente referido como a folga permitida no processo, é normalmente /2 ou 1 desvio padrão dos pontos de observação. Os limites de ação são semelhantes aos limites de controlo e considerados como 4 ou 5 vezes o desvio padrão dos valores de observação. Em muitas investigações de engenharia, tais como o processamento de minerais, a prática normal é definir estas acções como 4 vezes o desvio padrão. Para construir um gráfico CUSUM para um conjunto de dados, utilize a seguinte instrução:

Cálculo do desvio-padrão(σ): O desvio-padrão dos dados pode ser estimado pela equação seguinte:

$$\sigma = \frac{\bar{R}}{d_2}$$

em que $\bar{R}$ é a média dos valores do intervalo de dados e *d2* é uma constante relacionada com a dimensão do subgrupo (Quadro 5.1)

Tabela 5.1. Valores constantes utilizados para o cálculo do desvio-padrão do método CUSUM

Tamanho do subgrupo	**d2**	**Tamanho do subgrupo**	**d2**
1	1.128	9	2.970
2	1.128	10	3.078
3	1.693	11	3.173

4	2.059	12	3.258
5	2.326	13	3.336
6	2.534	14	3.407
7	2.704	15	3.472
8	2.847	25	3.931

Determinação do desvio-padrão ou da folga admissível (*k*): É comum fixar este valor em ½ a 1 desvio-padrão. Para muitos objectivos de engenharia, como o processamento de minerais, utilizar o coeficiente 0,5:

$k = 0.5\sigma$

Determinação dos limites de ação (*H*): Estes limites são geralmente definidos como ±4 ou ±5 vezes o desvio padrão. Os engenheiros utilizam normalmente o coeficiente razoável 4, portanto:

$H = \pm 4\sigma$

Determinação da linha central: Esta linha assume sempre o valor zero para todos os gráficos CUSUM.

Cálculo das somas cumulativas (*S*): Existem duas somas acumuladas num dos lados. Uma para os desvios positivos que estão no lado alto (SH, acima do objetivo) e outra para os desvios negativos que estão no lado baixo (SL, abaixo do objetivo). As equações a seguir são as definições de SH e SL:

$$\text{SHi} = \text{Máximo}\left(0, \text{SH}_{i\_1} + x_i - T - k\right)$$

$$\text{SLi} = \text{Mínimo}\left(0, \text{SL}_{i-1} + x_i - T + k\right)$$

em que *T* é o valor-alvo ou médio dos dados. Note-se que SH0 e SL0 são zero. A equação para SHi contém:

$$x_i - T - k = x_i - (T + k)$$

Assim, se Xi >(Target^{+k}), então o resultado da amostra ith está fora do intervalo de folga permitido no lado alto. Da mesma forma, para SLi:

$$x_i - T + k = x_i - (T - k)$$

Significa que se Xi <(Target$^{-k)}$, então o resultado da amostra ith está fora do intervalo de folga permitido no lado inferior.

Agora, se um ponto de dados estiver dentro da folga permitida, considera-se que o processo está a funcionar dentro do objetivo. Caso contrário, se um ponto de dados estiver para além da folga permitida, o processo está a funcionar fora do objetivo. Se a soma cumulativa exceder os limites de ação, considera-se que o processo está fora de controlo e fora do objetivo.

5.3. Exemplo 1: Monitorização da eficiência de dessulfuração de uma amostra de concentrado de ferro

A tabela abaixo apresenta os valores do grau de enxofre de uma amostra de concentrado de ferro após a realização de 25 experiências de dessulfuração por processo de flotação inversa. O grau de enxofre aceitável no concentrado de ferro não deve exceder 0,16%, conforme ditado pelos protocolos da fábrica de aço. Consegue ver alguma tendência invulgar nestes resultados?

Amostra	Grau de enxofre (%)	Amostra	Enxofre Grau (%)	Amostra	Grau de enxofre (%)	Amostra	Enxofre Grau (%)	Amostra	Grau de enxofre (%)
1	0.175	6	0.212	11	0.172	16	0.186	21	0.197
2	0.152	7	0.166	12	0.183	17	0.127	22	0.191
3	0.150	8	0.141	13	0.166	18	0.149	23	0.211
4	0.207	9	0.157	14	0.164	19	0.155	24	0.158
5	0.136	10	0.197	15	0.141	20	0.210	25	0.201

Solução manual:

Em primeiro lugar, devem ser calculados o intervalo e a média dos valores do grau de enxofre.

Os resultados são apresentados no quadro seguinte:

Amostra	Grau de enxofre (%)	R (%)	Amostra	Grau de enxofre (%)	R (%)
1	0.175	-	14	0.164	0.002
2	0.152	0.023	15	0.141	0.023
3	0.15	0.002	16	0.186	0.045
4	0.207	0.057	17	0.127	0.059
5	0.136	0.071	18	0.149	0.022
6	0.212	0.076	19	0.155	0.006
7	0.166	0.046	20	0.21	0.055
8	0.141	0.025	21	0.197	0.013
9	0.157	0.016	22	0.191	0.006
10	0.197	0.040	23	0.211	0.020
11	0.172	0.025	24	0.158	0.053
12	0.183	0.011	25	0.201	0.043
13	0.166	0.017	**Alcance médio (Rbar):**		0.0315

Calcule o desvio padrão; a constante d_2 é 1,128 (ver Quadro 5.1):

$$\sigma = \frac{\bar{R}}{d_2} = \frac{0.0315}{1.128} = 0.0279$$

Calcular a folga admissível:

$$k = 0.5\sigma = 0.5 \times 0.0279 = 0.0139$$

Calcular os limites de ação:

$$H = \pm 4\sigma = \pm 4 \times 0.0279 = \pm 0.1117$$

Calcular as somas cumulativas do lado superior e do lado inferior: Por exemplo, estes valores para a amostra 1 são calculados da seguinte forma:

$$\mathrm{SH}_1 = \mathrm{Max}\left(0,\ \mathrm{SH}_0 + x_1 - T - k\right) = \mathrm{Max}\left(0,\ 0 + 0.175 - 0.160 - 0.0139\right)$$
$$= \mathrm{Max}\left(0,\ 0.001037\right) = 0.001037$$
$$\mathrm{SL}_1 = \mathrm{Min}\left(0,\ \mathrm{SL}_0 + x_1 - T + k\right) = \mathrm{Min}\left(0,\ 0 + 0.175 - 0.160 + 0.0139\right)$$
$$= \mathrm{Min}\left(0,\ 0.028963\right) = 0$$

Os resultados de todas as amostras são apresentados no quadro seguinte:

Amostra	**Grau de enxofre (%)**	**SHi**	**SLi**
1	0.175	0.001037	0
2	0.152	0	0
3	0.15	0	0
4	0.207	0.033037	0
5	0.136	0	-0.01004
6	0.212	0.038037	0
7	0.166	0.030074	0
8	0.141	0	-0.00504
9	0.157	0	0
10	0.197	0.023037	0
11	0.172	0.021074	0
12	0.183	0.030112	0
13	0.166	0.022149	0
14	0.164	0.012186	0
15	0.141	0	-0.00504
16	0.186	0.012037	0
17	0.127	0	-0.01904
18	0.149	0	-0.01607
19	0.155	0	-0.00711
20	0.21	0.036037	0
21	0.197	0.059074	0
22	0.191	0.076112	0
23	0.211	0.113149	0
24	0.158	0.097186	0
25	0.201	0.124223	0

Agora, desenhe o gráfico CUSUM como abaixo: Como se pode ver no gráfico CUSUM, o valor do grau de enxofre das amostras 23 e 25 está para além do limite superior de controlo (ou limite de ação); ou seja, estes valores são superiores ao grau ótimo de 0,16%. Assim, o engenheiro deve encontrar a(s) causa(s) invulgar(es) e melhorar o processo.

Solução de software:

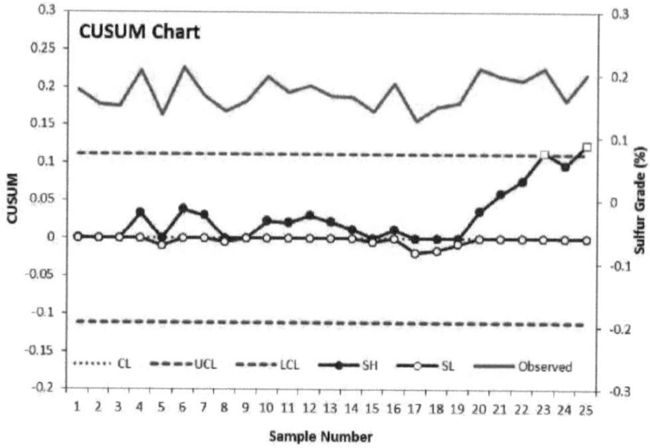

Vamos resolver o problema usando o software Minitab. Para isso, siga as instruções abaixo:

Primeiro, insira os valores Sample number e Sulfur Grade na planilha de dados do Minitab:

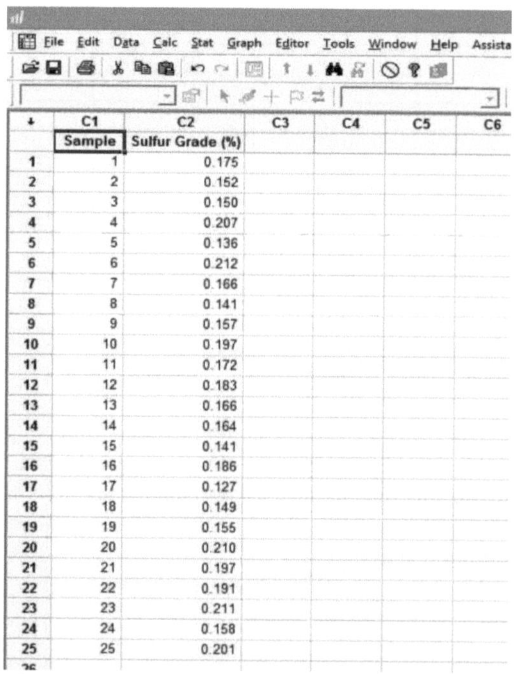

	C1 Sample	C2 Sulfur Grade (%)
1	1	0.175
2	2	0.152
3	3	0.150
4	4	0.207
5	5	0.136
6	6	0.212
7	7	0.166
8	8	0.141
9	9	0.157
10	10	0.197
11	11	0.172
12	12	0.183
13	13	0.166
14	14	0.164
15	15	0.141
16	16	0.186
17	17	0.127
18	18	0.149
19	19	0.155
20	20	0.210
21	21	0.197
22	22	0.191
23	23	0.211
24	24	0.158
25	25	0.201

Em seguida, abra a janela de análise CUSUM utilizando o caminho abaixo:

Stat→ ControlCharts → Gráficos ponderados pelo tempo CUSUM→

Seleccione a coluna de dados Sulfur Grade e introduza os valores Subgroup size e Target de 1 e 0,16, respetivamente:

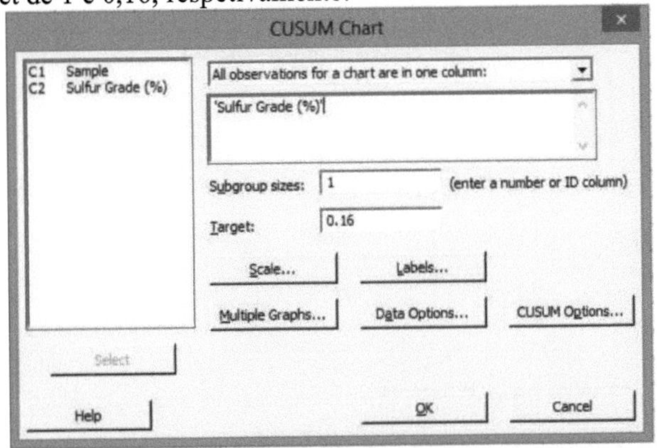

Para definir o eixo x como números de amostra, entre na janela Escala clicando no respetivo botão; em seguida, active o marcador Carimbo para Escala X, seleccione Coluna de amostras e clique em OK:

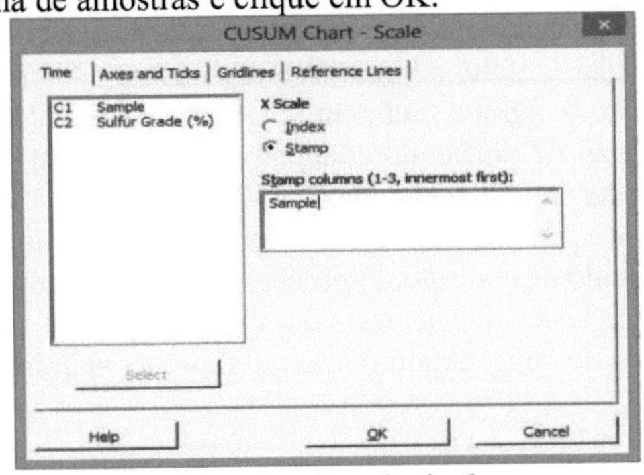

Por fim, clique no botão OK na janela principal para ver o gráfico:

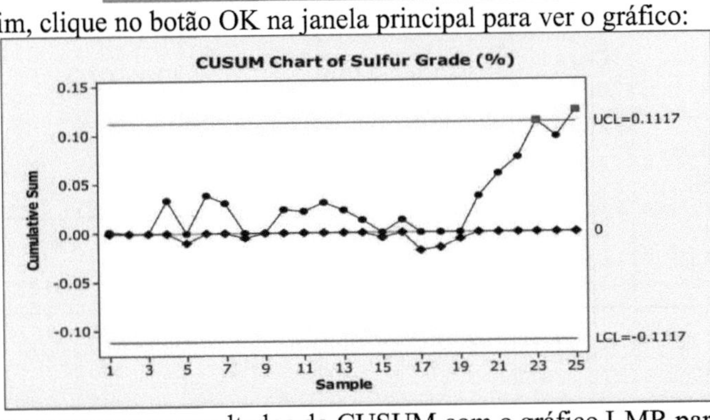

Vamos comparar os resultados do CUSUM com o gráfico I-MR para valores de grau de enxofre. Veja o gráfico I-MR criado pelo software Minitab. O gráfico I-MR indica que não há nenhuma tendência incomum nos dados e que o processo está completamente sob controle. Isso se deve ao fato de que o gráfico I-MR não pode mostrar pequenas variações nas tendências dos dados. Por conseguinte, se a sensibilidade do processo for elevada, o engenheiro deve aplicar o método da carta CUSUM; caso contrário, a carta I-MR é mais fácil de desenhar e interpretar.

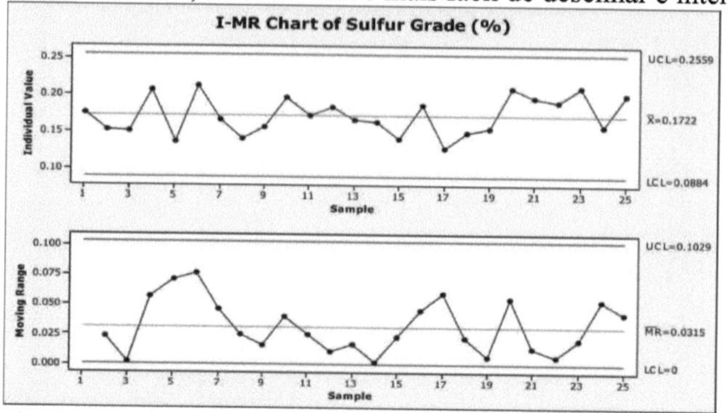

5.4. Exemplo 2: Monitorização do teor de cinzas de um concentrado do circuito de flotação de carvão

Vamos resolver o exemplo 3 do capítulo anterior. Como revisão, um engenheiro de processos de uma fábrica de lavagem de carvão decidiu realizar um programa de testes operacionais para avaliar o efeito de um novo espumante no desempenho de flotação do circuito de flotação da fábrica. Substituiu o espumante convencional pelo novo e monitorizou o teor final de cinzas do concentrado de flotação durante um mês. As amostras foram cuidadosamente recolhidas em cada turno de trabalho (dois turnos por dia) e cada amostra foi analisada duas vezes. Os resultados são apresentados no quadro seguinte. Indicar o estado de controlo do processo na presença de um novo espumante durante o programa de testes. De acordo com os requisitos da instalação de fusão, o teor máximo de cinzas do concentrado de carvão deve ser superior a 10%.

Dia	Turno 1		Turno 2	
	Cinza 1 (%)	Cinza 2 (%)	Cinza 3 (%)	Cinza 4 (%)
20 de julho	10.11	9.91	10.05	10.16
21 jul.	10.21	10.01	10.15	10.26
22 de julho	9.74	9.55	9.68	9.79
23 jul.	10.07	9.87	10.01	10.12

24 jul.	10.27	10.07	10.21	10.32
25 jul.	10.20	10.00	10.14	10.25
26 jul.	10.30	10.10	10.24	10.35
27 de julho	10.25	10.05	10.19	10.30
28 jul.	10.08	9.88	10.02	10.13
29 de julho	10.10	9.90	10.04	10.15
30 jul.	9.79	9.60	9.73	9.84
31 de julho	10.29	10.09	10.23	10.34
1 de agosto	11.22	11.00	11.15	11.28
2 de agosto	10.40	10.20	10.34	10.46
3 de agosto	10.29	10.09	10.23	10.34
4 de agosto	9.86	9.67	9.80	9.91
5 de agosto	9.97	9.77	9.91	10.01
6 de agosto	10.11	9.91	10.05	10.16
7 de agosto	10.20	10.00	10.14	10.25

8 de agosto	10.71	10.50	10.65	10.76
9 de agosto	10.28	10.08	10.22	10.33
10 de agosto	10.86	10.65	10.80	10.92
11 de agosto	10.18	9.98	10.12	10.23
12 de agosto	9.96	9.76	9.90	10.00
13 de agosto	8.76	8.59	8.71	8.80
14 de agosto	9.63	9.44	9.57	9.68
15 de agosto	10.41	10.21	10.35	10.47
16 de agosto	10.28	10.08	10.22	10.33
17 de agosto	10.72	10.51	10.66	10.77
18 de agosto	10.08	9.88	10.02	10.13
19 de agosto	9.79	9.60	9.73	9.84

Solução:

Vamos resolver o problema usando o software Minitab. Para isso, siga as instruções abaixo:

Primeiro, insira os valores de Day e Ash na planilha de dados do Minitab:

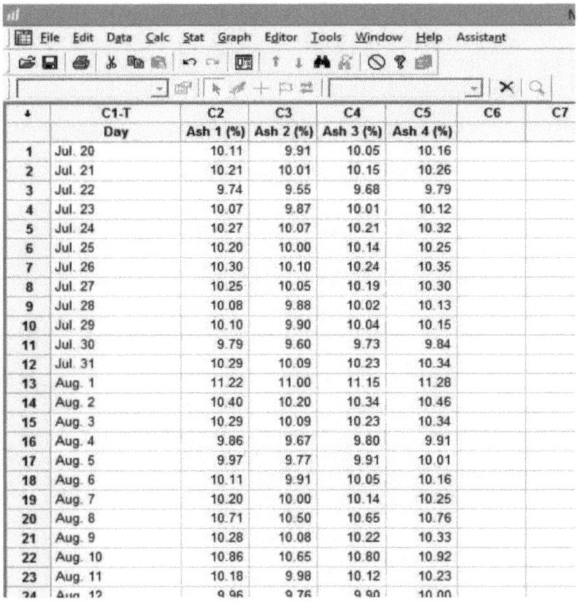

	C1-T Day	C2 Ash 1 (%)	C3 Ash 2 (%)	C4 Ash 3 (%)	C5 Ash 4 (%)	C6	C7
1	Jul. 20	10.11	9.91	10.05	10.16		
2	Jul. 21	10.21	10.01	10.15	10.26		
3	Jul. 22	9.74	9.55	9.68	9.79		
4	Jul. 23	10.07	9.87	10.01	10.12		
5	Jul. 24	10.27	10.07	10.21	10.32		
6	Jul. 25	10.20	10.00	10.14	10.25		
7	Jul. 26	10.30	10.10	10.24	10.35		
8	Jul. 27	10.25	10.05	10.19	10.30		
9	Jul. 28	10.08	9.88	10.02	10.13		
10	Jul. 29	10.10	9.90	10.04	10.15		
11	Jul. 30	9.79	9.60	9.73	9.84		
12	Jul. 31	10.29	10.09	10.23	10.34		
13	Aug. 1	11.22	11.00	11.15	11.28		
14	Aug. 2	10.40	10.20	10.34	10.46		
15	Aug. 3	10.29	10.09	10.23	10.34		
16	Aug. 4	9.86	9.67	9.80	9.91		
17	Aug. 5	9.97	9.77	9.91	10.01		
18	Aug. 6	10.11	9.91	10.05	10.16		
19	Aug. 7	10.20	10.00	10.14	10.25		
20	Aug. 8	10.71	10.50	10.65	10.76		
21	Aug. 9	10.28	10.08	10.22	10.33		
22	Aug. 10	10.86	10.65	10.80	10.92		
23	Aug. 11	10.18	9.98	10.12	10.23		

Em seguida, abra a janela de análise CUSUM utilizando o caminho abaixo:

Stat→ ControlCharts→ Gráficos ponderados pelo tempo CUSUM →

Na janela principal, abra o separador e seleccione "As observações de um subgrupo estão numa linha de colunas" em vez de "Todas as observações de um gráfico estão numa coluna":

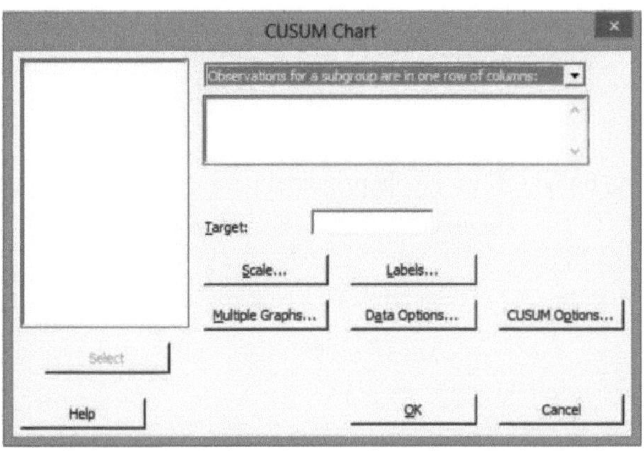

Seleccione as colunas de dados Cinzas e introduza Valores alvo de 10:

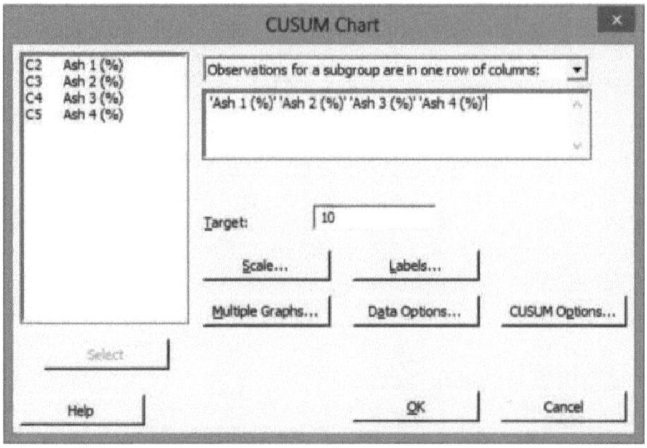

Para definir o eixo x como números de amostra, entre na janela Escala clicando no respetivo botão; em seguida, active o marcador Carimbo para Escala X, seleccione a coluna Dia e clique em OK:

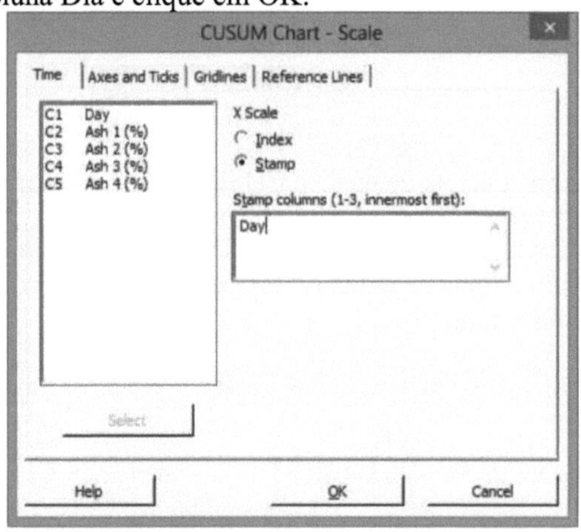

Por fim, clique no botão OK na janela principal para ver o gráfico:

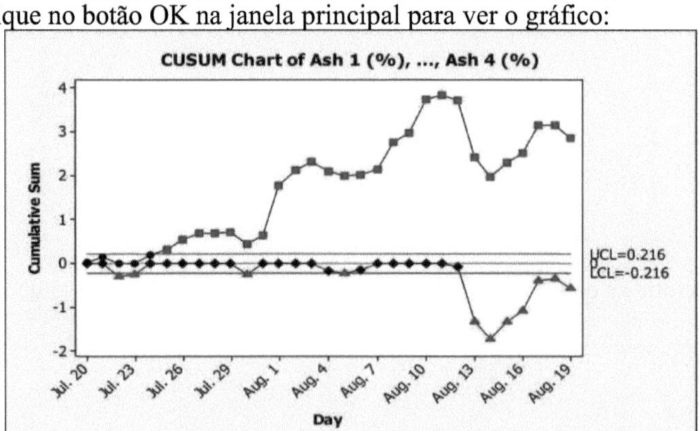

Como se pode ver, o gráfico mostra claramente que o processo está completamente fora de controlo, enquanto o gráfico Xbar-R indica que apenas alguns pontos de dados são instáveis.

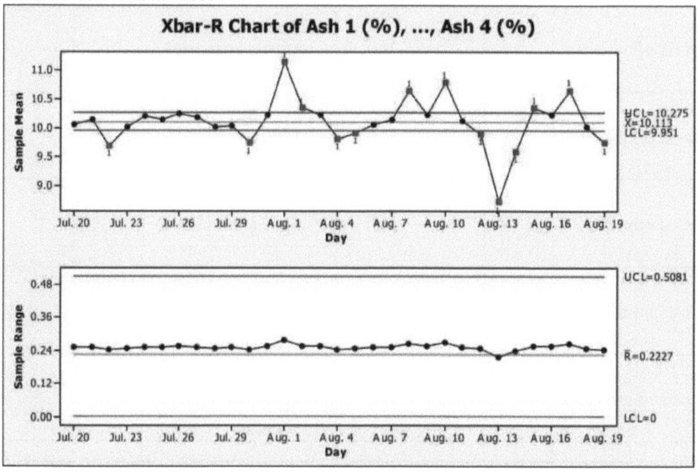

5.5. Exemplo 3: Otimização da capacidade do moinho SAG numa fábrica de processamento de minério de cobre

As investigações iniciais mostraram que a taxa de alimentação do moinho SAG numa fábrica de processamento de minério de cobre tem muitas flutuações. O engenheiro de processo decidiu melhorar a estratégia de alimentação da planta de moagem. A capacidade nominal é de 300 t/h. Registou a taxa de alimentação do moinho SAG de três em três dias durante 6 meses, antes e depois do programa de otimização. A tabela abaixo lista o valor médio de cada medição de 3 dias antes e depois da otimização. O engenheiro de processos foi bem sucedido na sua decisão de otimização?

Estado	Dia	Capacidade (t/h)	Estado	Dia	Capacidade (t/h)
Antes da otimização	1	320	Após a otimização	1	320
Antes da otimização	2	350	Após a otimização	2	295
Antes da otimização	3	320	Após a otimização	3	285
Antes da otimização	4	280	Após a otimização	4	305
Antes da otimização	5	250	Após a otimização	5	330

Antes da otimização	6	200	Após a otimização	6	305
Antes da otimização	7	180	Após a otimização	7	310
Antes da otimização	8	280	Após a otimização	8	302
Antes da otimização	9	290	Após a otimização	9	300
Antes da otimização	10	300	Após a otimização	10	290
Antes da otimização	11	185	Após a otimização	11	285
Antes da otimização	12	310	Após a otimização	12	295
Antes da otimização	13	185	Após a otimização	13	290
Antes da otimização	14	280	Após a otimização	14	300
Antes da otimização	15	295	Após a otimização	15	305
Antes da otimização	16	75	Após a otimização	16	300
Antes da otimização	17	310	Após a otimização	17	305
Antes da otimização	18	250	Após a otimização	18	310
Antes da otimização	19	95	Após a otimização	19	300
Antes da otimização	20	310	Após a otimização	20	320

Antes da otimização	21	345	Após a otimização	21	325
Antes da otimização	22	330	Após a otimização	22	310
Antes da otimização	23	300	Após a otimização	23	290
Antes da otimização	24	300	Após a otimização	24	295
Antes da otimização	25	275	Após a otimização	25	300
Antes da otimização	26	305	Após a otimização	26	310
Antes da otimização	27	115	Após a otimização	27	285
Antes da otimização	28	350	Após a otimização	28	290
Antes da otimização	29	270	Após a otimização	29	305
Antes da otimização	30	285	Após a otimização	30	300
Antes da otimização	31	290	Após a otimização	31	310
Antes da otimização	32	280	Após a otimização	32	310
Antes da otimização	33	245	Após a otimização	33	300
Antes da otimização	34	295	Após a otimização	34	305
Antes da otimização	35	305	Após a otimização	35	295

Antes da otimização	36	305	Após a otimização	36	305
Antes da otimização	37	310	Após a otimização	37	310
Antes da otimização	38	264	Após a otimização	38	270
Antes da otimização	39	195	Após a otimização	39	290
Antes da otimização	40	290	Após a otimização	40	295
Antes da otimização	41	310	Após a otimização	41	300
Antes da otimização	42	290	Após a otimização	42	305
Antes da otimização	43	285	Após a otimização	43	310
Antes da otimização	44	105	Após a otimização	44	305
Antes da otimização	45	400	Após a otimização	45	310
Antes da otimização	46	280	Após a otimização	46	320
Antes da otimização	47	370	Após a otimização	47	305
Antes da otimização	48	145	Após a otimização	48	300
Antes da otimização	49	305	Após a otimização	49	300
Antes da otimização	50	275	Após a otimização	50	295

Antes da otimização	51	300	Após a otimização	51	300
Antes da otimização	52	245	Após a otimização	52	310
Antes da otimização	53	215	Após a otimização	53	310
Antes da otimização	54	185	Após a otimização	54	315
Antes da otimização	55	270	Após a otimização	55	285
Antes da otimização	56	245	Após a otimização	56	300
Antes da otimização	57	300	Após a otimização	57	320
Antes da otimização	58	105	Após a otimização	58	310
Antes da otimização	59	305	Após a otimização	59	315
Antes da otimização	60	320	Após a otimização	60	305

Solução:

Vamos resolver o problema usando o software Minitab. Siga as mesmas instruções abaixo:

Primeiro, digite State, Day e Capacity em série na planilha de dados do Minitab:

Em seguida, abra a janela de análise CUSUM utilizando o caminho abaixo:

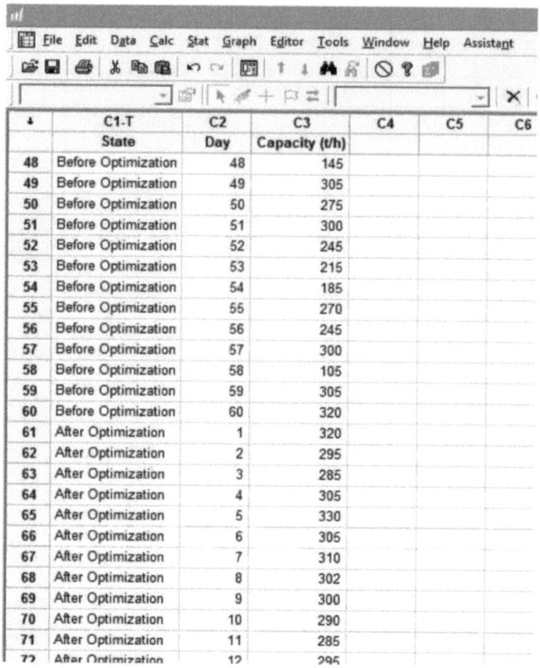

↓	C1-T State	C2 Day	C3 Capacity (t/h)	C4	C5	C6
48	Before Optimization	48	145			
49	Before Optimization	49	305			
50	Before Optimization	50	275			
51	Before Optimization	51	300			
52	Before Optimization	52	245			
53	Before Optimization	53	215			
54	Before Optimization	54	185			
55	Before Optimization	55	270			
56	Before Optimization	56	245			
57	Before Optimization	57	300			
58	Before Optimization	58	105			
59	Before Optimization	59	305			
60	Before Optimization	60	320			
61	After Optimization	1	320			
62	After Optimization	2	295			
63	After Optimization	3	285			
64	After Optimization	4	305			
65	After Optimization	5	330			
66	After Optimization	6	305			
67	After Optimization	7	310			
68	After Optimization	8	302			
69	After Optimization	9	300			
70	After Optimization	10	290			
71	After Optimization	11	285			

Stat → ControlCharts → Gráficos ponderados pelo tempo CUSUM →

Selecionar a coluna de dados Capacidade e introduzir os valores Tamanho do subgrupo e Objetivo de 1 e 300, respetivamente:

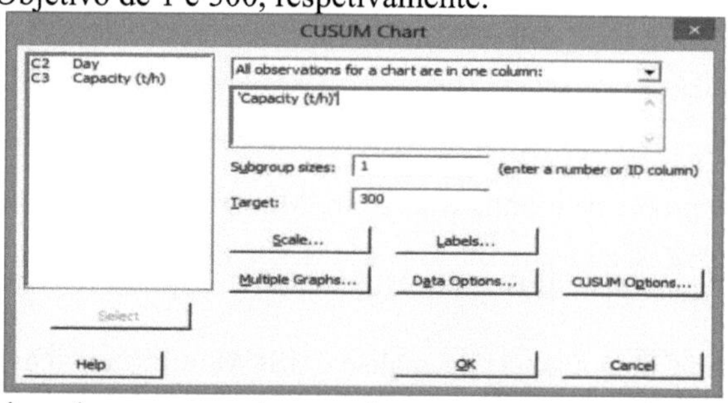

Para definir o eixo x como números de amostra, entre na janela Escala clicando no respetivo botão; em seguida, active o marcador Carimbo para Escala X, seleccione a coluna Dia e clique em OK:

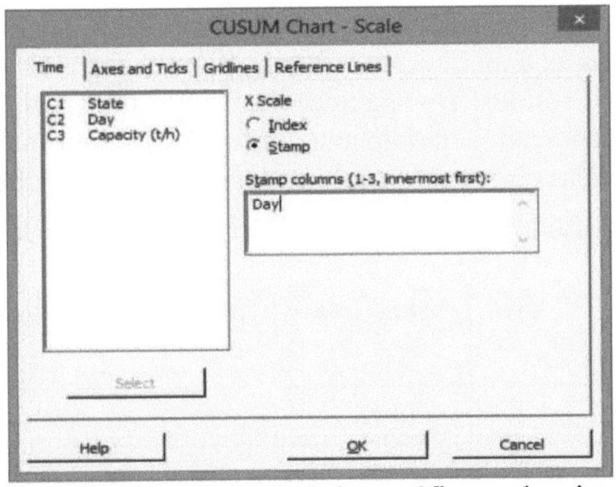

Para traçar ambas as variações num único gráfico, seleccione o botão Opções CUSUM.... No menu Fases, seleccione a coluna Estado como fase de variação e, em seguida, clique em OK:

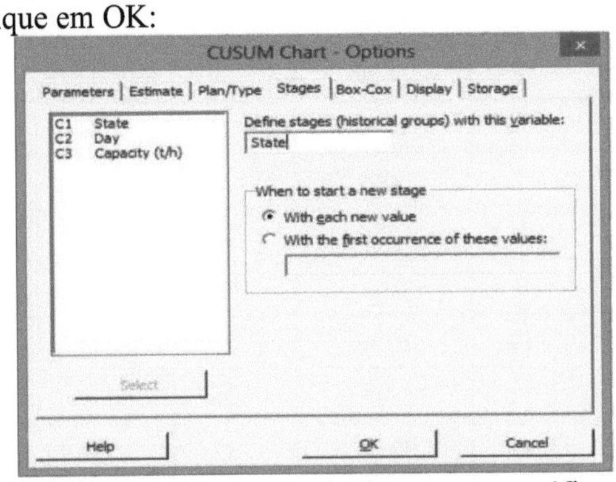

Por fim, clique no botão OK na janela principal para ver o gráfico CUSUM:

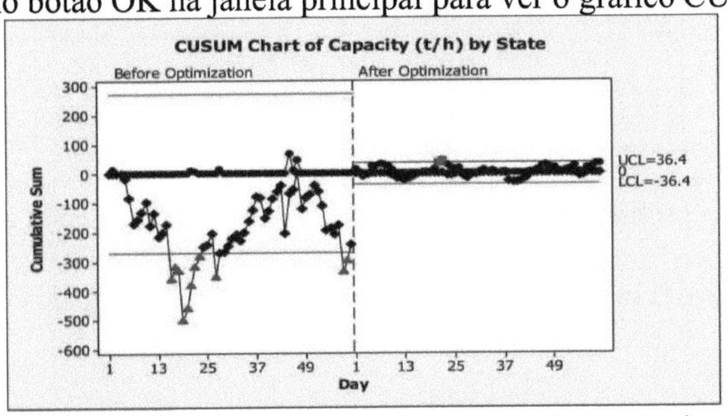

Como se vê, o processo apresenta uma tendência muito estável após a otimização. Além disso, os pontos fora de controlo diminuem após a otimização e apenas dois pontos nos dias 21 e 22 estão para além do limite superior de controlo. Estes resultados confirmam que o engenheiro de processos foi bem sucedido na sua decisão.

5.6. Exemplo 4: Monitorização do desempenho de uma coluna piloto de flotação de carvão

Um engenheiro de processos decide melhorar o desempenho de uma coluna de flotação piloto numa instalação de lavagem de carvão, manipulando o teor de sólidos da pasta de alimentação. Após as experiências iniciais, diluiu a pasta de alimentação de 10% para 8,5% de teor de sólidos. De seguida, manteve o processo em novas condições durante 30 dias, recolhendo diariamente amostras do concentrado da coluna. Os resultados da análise das cinzas são apresentados no quadro seguinte. Desde que o teor de cinzas pretendido seja de 11%, a decisão do engenheiro é correcta?

Dia	**Cinzas (%)**	**Dia**	**Cinzas (%)**
1	9.92	16	9.84
2	8.39	17	11.15
3	9.75	18	10.83
4	12.24	19	8.95
5	11.30	20	11.38
6	10.69	21	11.45
7	9.44	22	9.80
8	12.03	23	11.03
9	9.66	24	12.08
10	10.86	25	11.13
11	9.48	26	11.63
12	12.04	27	10.90
13	11.04	28	12.20
14	10.87	29	11.88
15	10.58	30	11.05

Solução:

Vamos resolver o problema usando o software Minitab. Para isso, siga as instruções abaixo:

Primeiro, insira os valores de Day e Ash na planilha de dados do Minitab:

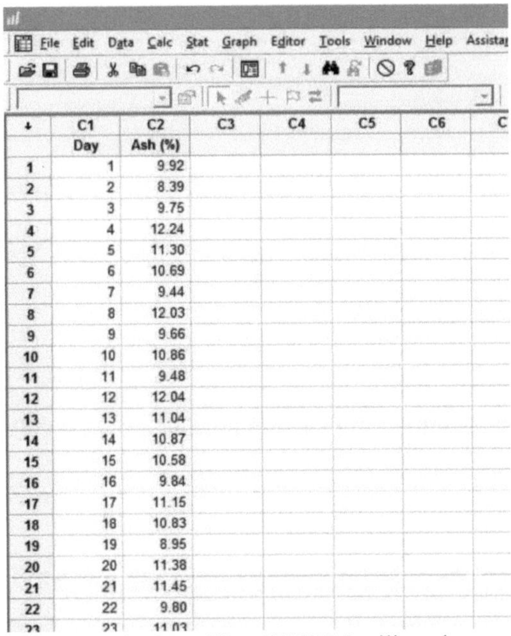

Em seguida, abra a janela de análise CUSUM utilizando o caminho abaixo:

Stat → ControlCharts → Gráficos ponderados pelo tempo → CUSUM

Seleccione a coluna de dados Ash e introduza os valores Tamanho do subgrupo e Alvo de 1 e 11, respetivamente:

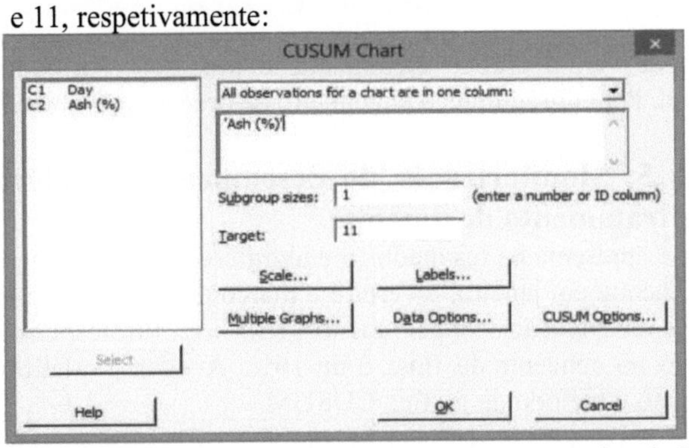

Para definir o eixo x como números de amostra, entre na janela Escala clicando no respetivo botão; em seguida, active o marcador Carimbo para Escala X, seleccione a coluna Dia e clique em OK:

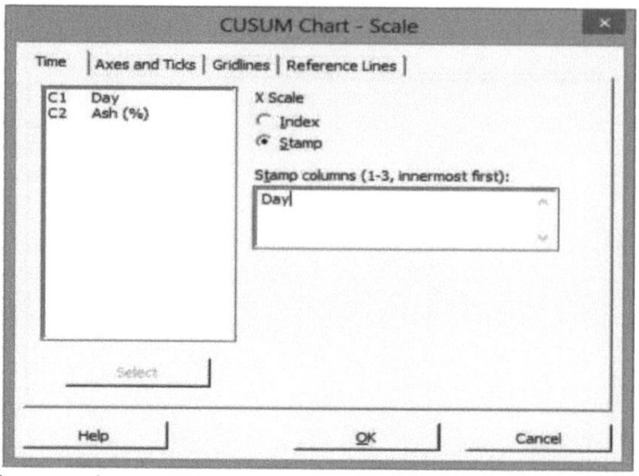

Por fim, clique no botão OK na janela principal para ver o gráfico:

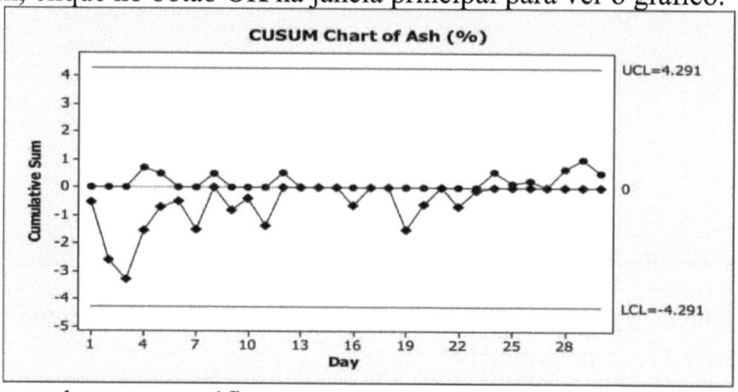

Como se pode ver, o gráfico mostra que o processo está completamente sob controlo e estável. Por conseguinte, o engenheiro de processos foi bem sucedido na sua decisão.

5.7. Exemplo 5: Monitorização do desempenho metalúrgico de uma instalação de tratamento de ilmenite

A tabela seguinte apresenta os resultados metalúrgicos de uma pequena instalação de tratamento de ilmenite em janeiro, fevereiro e março de 2014. Os valores-alvo para o teor de titânio e a recuperação são, pelo menos, 83,5% e 71%, respetivamente, e o teor máximo de ferro no concentrado final é de 16%. Avaliar o estado de controlo do processo utilizando o método de gráfico CUSUM.

Mês	**Dia**	**Grau de Ti (%)**	**Grau de Fe (%)**	**Recuperação**
janeiro	1	84.2	16.8	70.4
janeiro	2	81.3	16.4	71.9

janeiro	3	81.9	16.1	71.6
janeiro	4	83.1	15.5	71.0
janeiro	5	84.0	15.9	70.5
janeiro	6	84.1	16.7	70.5
janeiro	7	79.8	15.3	72.6
janeiro	8	83.2	15.9	70.9
janeiro	9	83.9	16.0	70.6
janeiro	10	82.4	16.5	71.3
janeiro	11	84.5	16.1	70.3
janeiro	12	83.3	16.7	70.9
janeiro	13	84.5	15.6	70.3
janeiro	14	84.3	15.9	70.4
janeiro	15	83.9	15.8	70.6

janeiro	16	83.2	16.3	70.9
janeiro	17	83.4	16.5	70.8
janeiro	18	81.9	16.9	71.6
janeiro	19	82.5	16.0	71.3
janeiro	20	83.3	15.9	70.9
janeiro	21	84.0	15.3	70.5
janeiro	22	83.8	14.9	70.6
janeiro	23	84.0	15.1	70.5
janeiro	24	84.1	16.1	70.5
janeiro	25	83.6	16.5	70.7
janeiro	26	83.1	16.0	71.0
janeiro	27	83.8	16.8	70.6
janeiro	28	82.3	16.5	71.4
janeiro	29	83.7	15.7	70.7

janeiro	30	84.0	15.9	70.5
fevereiro	1	84.0	15.7	71.2
fevereiro	2	81.7	16.4	72.4
fevereiro	3	83.3	15.9	71.6
fevereiro	4	84.0	16.2	71.2
fevereiro	5	84.3	15.9	71.0
fevereiro	6	83.9	16.4	71.3
fevereiro	7	82.2	16.9	72.1
fevereiro	8	83.5	15.5	71.4
fevereiro	9	83.6	15.9	71.4
fevereiro	10	84.3	16.0	71.1
fevereiro	11	84.8	16.1	70.8
fevereiro	12	84.6	15.4	70.9
fevereiro	13	83.5	15.3	70.2

fevereiro	14	82.7	16.1	70.6
fevereiro	15	82.6	15.9	70.7
fevereiro	16	83.0	16.3	70.5
fevereiro	17	83.9	16.5	70.0
fevereiro	18	83.4	16.5	70.3
fevereiro	19	84.5	16.0	71.1
fevereiro	20	84.7	15.8	71.0
fevereiro	21	84.1	16.0	71.3
fevereiro	22	84.0	15.7	71.4
fevereiro	23	83.9	16.3	71.4
fevereiro	24	82.1	16.4	72.3
fevereiro	25	83.7	15.4	71.1
fevereiro	26	84.2	16.9	70.9
fevereiro	27	84.0	15.9	71.0

fevereiro	28	88.3	16.0	70.3
fevereiro	29	84.0	15.7	71.5
fevereiro	30	84.3	16.1	70.4
março	1	83.1	16.1	70.9
março	2	81.4	15.9	71.8
março	3	84.0	16.0	70.5
março	4	83.9	16.0	70.5
março	5	83.2	16.3	70.9
março	6	83.5	15.1	70.7
março	7	84.1	14.9	70.4
março	8	82.8	15.0	71.1
março	9	83.7	16.0	70.6
março	10	84.0	16.3	70.5

março	11	84.0	16.1	70.5
março	12	82.9	15.9	71.0
março	13	83.1	15.7	70.9
março	14	81.9	16.4	71.5
março	15	79.7	16.0	72.6
março	16	83.1	16.3	70.9
março	17	84.0	15.5	70.5
março	18	83.9	15.7	71.2
março	19	84.3	16.0	71.0
março	20	84.1	16.1	71.1
março	21	83.5	15.9	71.4
março	22	83.8	16.4	70.9
março	23	84.0	15.7	70.8
março	24	83.8	15.5	70.9

março	25	83.8	16.9	70.3
março	26	84.0	16.0	71.5
março	27	83.2	15.9	71.9
março	28	82.8	16.0	72.1
março	29	84.5	15.7	71.3
março	30	82.9	16.1	71.0

Solução:

Vamos resolver o problema usando o software Minitab. Siga as mesmas instruções abaixo:

Primeiro, insira Month, Day e Metallurgical parameters em série na planilha de dados do Minitab:

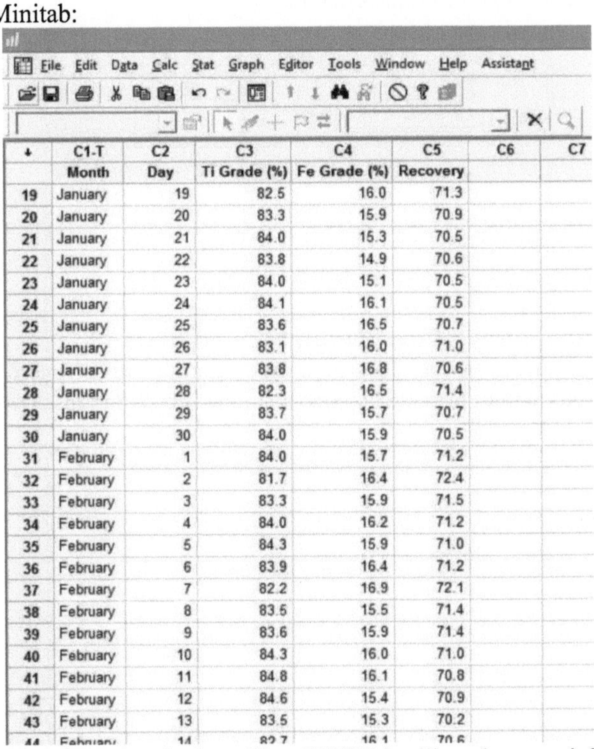

↓	C1-T Month	C2 Day	C3 Ti Grade (%)	C4 Fe Grade (%)	C5 Recovery	C6	C7
19	January	19	82.5	16.0	71.3		
20	January	20	83.3	15.9	70.9		
21	January	21	84.0	15.3	70.5		
22	January	22	83.8	14.9	70.6		
23	January	23	84.0	15.1	70.5		
24	January	24	84.1	16.1	70.5		
25	January	25	83.6	16.5	70.7		
26	January	26	83.1	16.0	71.0		
27	January	27	83.8	16.8	70.6		
28	January	28	82.3	16.5	71.4		
29	January	29	83.7	15.7	70.7		
30	January	30	84.0	15.9	70.5		
31	February	1	84.0	15.7	71.2		
32	February	2	81.7	16.4	72.4		
33	February	3	83.3	15.9	71.5		
34	February	4	84.0	16.2	71.2		
35	February	5	84.3	15.9	71.0		
36	February	6	83.9	16.4	71.2		
37	February	7	82.2	16.9	72.1		
38	February	8	83.5	15.5	71.4		
39	February	9	83.6	15.9	71.4		
40	February	10	84.3	16.0	71.0		
41	February	11	84.8	16.1	70.8		
42	February	12	84.6	15.4	70.9		
43	February	13	83.5	15.3	70.2		

Em seguida, abra a janela de análise CUSUM utilizando o caminho abaixo:

Stat → ControlCharts → Gráficos ponderados pelo tempo → CUSUM

Seleccione a coluna de dados Grau Ti e introduza os valores Tamanho do subgrupo e Objetivo de 1 e 83,5, respetivamente:

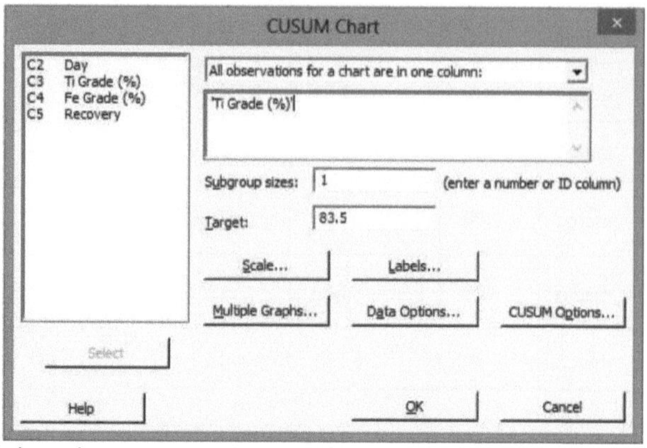

Para definir o eixo x como números de amostra, entre na janela Escala clicando no respetivo botão; em seguida, active o marcador Carimbo para Escala X, seleccione a coluna Dia e clique em OK:

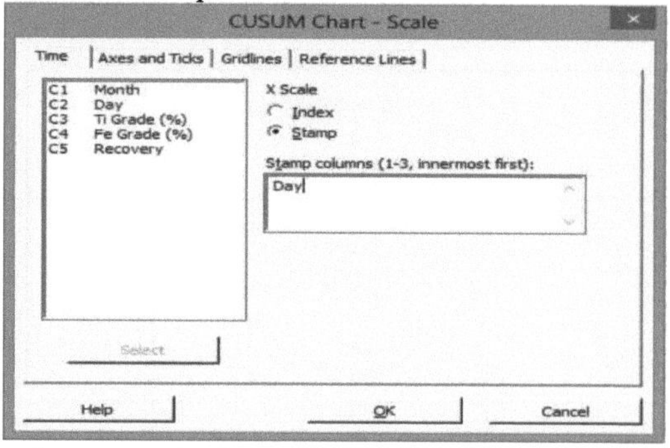

Para traçar ambas as variações num único gráfico, seleccione o botão Opções CUSUM.... No menu Fases, seleccione a coluna Mês como fase de variação e, em seguida, clique em OK:

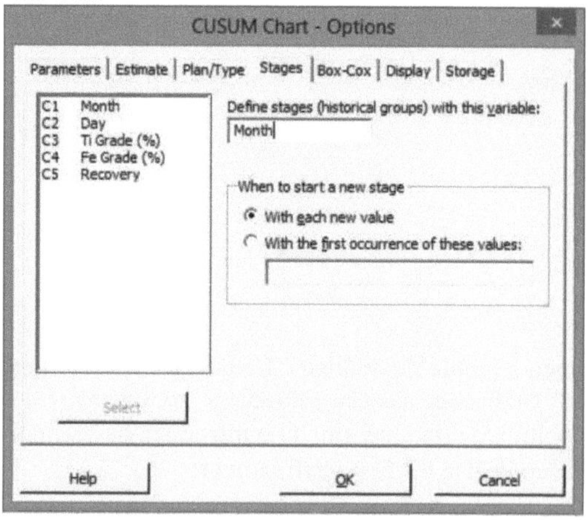

Por fim, clique no botão OK na janela principal para ver o gráfico CUSUM:

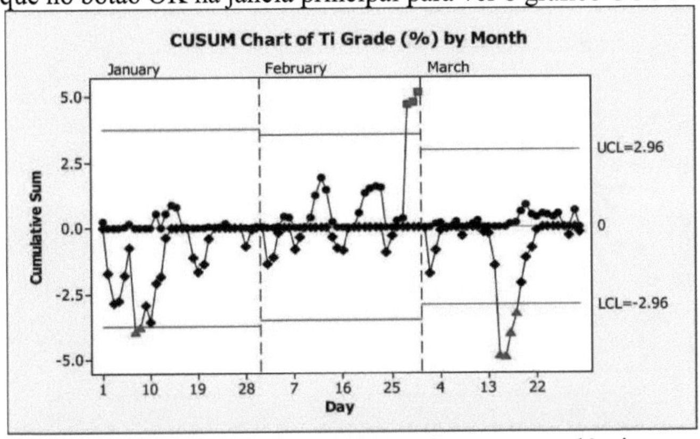

Efetuar o mesmo procedimento para os outros parâmetros metalúrgicos:

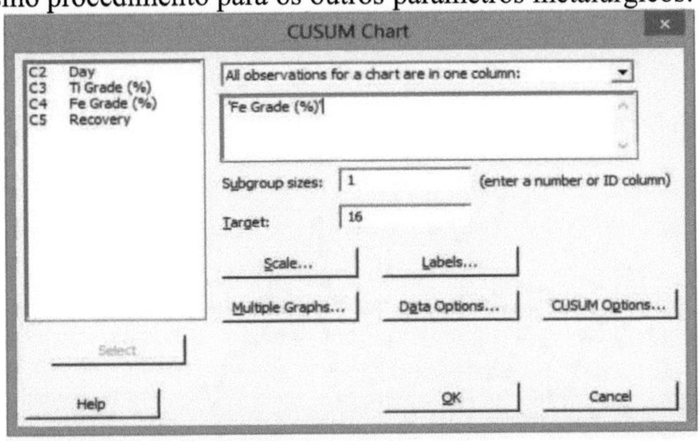

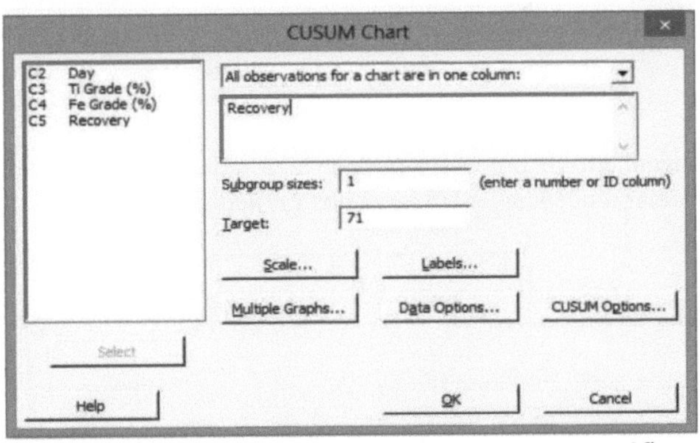

Em seguida, clique no botão OK na janela principal para ver os gráficos CUSUM:

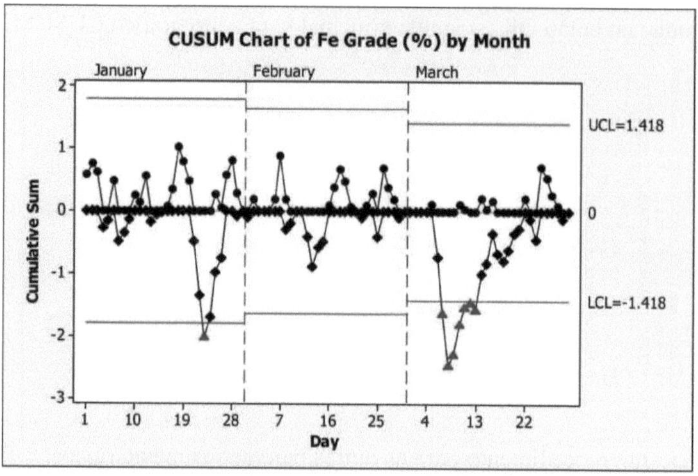

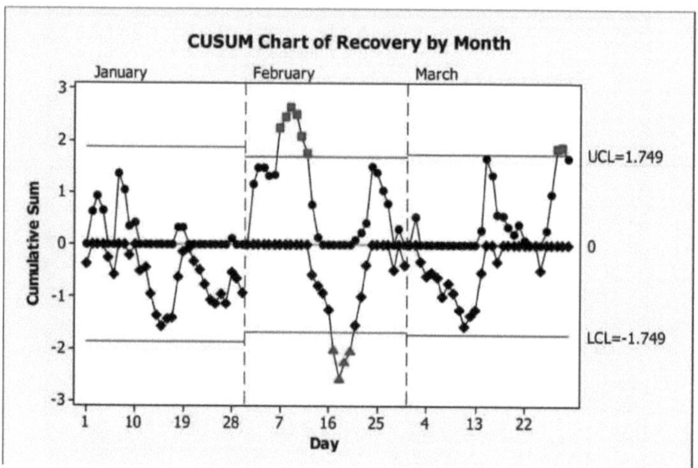

Agora, o engenheiro de processos pode avaliar o desempenho metalúrgico da fábrica e interpretar tendências invulgares nos gráficos.

Referências

Bequette, B.W., 2003. Controlo de Processos: Modeling, Design and Simulation. Prentice Hall.

Besterfield, D.H., 2008. Controlo de Qualidade. 8th Edition, Pearson.

Box, G.E.P., Hunter, W.G., Hunter, J.S., 1978. Statistics for Experimenters: An Introduction to Design, Data Analysis, and Model Building. John Wiley & Sons.

Chambers, D.S., Wheeler, D.J., 1992. Understanding Statistical Process Control. 2nd Edition, SPC Press.

Dunn, W., 2005. Fundamentals of Industrial Instrumentation and Process Control (Fundamentos da Instrumentação Industrial e Controlo de Processos). McGraw-Hill Education.

Grant, E., Leavenworth, R., 1996. Statistical Quality Control. 7th Edition, McGraw-Hill Science/Engineering/Math.

Henderson, G.R., 2011. Six Sigma Quality Improvement with Minitab. 2nd Edition, Wiley.

Ishikawa, K., 1991. Guia para o Controlo da Qualidade. Organização Asiática de Produtividade.

Keller, P.A., 2011. Statistical Process Control Demystified. McGraw-Hill Education.

Montgomery, D.C., 2012. Controlo Estatístico da Qualidade. 7th Edition, Wiley.

Montgomery, D.C., Runger, G.C., 2013. Estatística Aplicada e Probabilidade para Engenheiros. 6th Edition, Wiley.

Navidi, W., 2014. Statistics for Engineers and Scientists (Estatística para Engenheiros e Cientistas). 4th Edition, McGraw-Hill Education.

Oakland, L.S., 2008. Controlo Estatístico do Processo. 6th Edition. Elsevier.

Pyzdek, T., Keller, P.A., 2014. The Six Sigma Handbook. 4th Edition, McGraw-Hill Education.

Qiu, P., 2014. Introdução ao Controlo Estatístico de Processos. CRC Press, Taylor & Francis Group, LLC.

Stephanopoulos, G., 1984. Chemical Process Control: An Introduction to Theory and Practice. PTR Prentice Hall.

Walpole, R.E., Myers, R.H., Myers, S.L., Ye, K.E., 2011. Probabilidade e Estatística para Engenheiros e Cientistas. 9th Edition, Pearson.

Webber, L., Wallace, M., 2012. Controlo de qualidade para leigos. For Dummies.

MIX
Papier aus verantwortungsvollen Quellen
Paper from responsible sources
FSC® C105338

Printed by Books on Demand GmbH, Norderstedt / Germany